QUELLEN UND FORSCHUNGEN

ZUR

SPRACH- UND CULTURGESCHICHTE

DER

GERMANISCHEN VÖLKER.

HERAUSGEGEBEN

VON

BERNHARD TEN BRINK, ERNST MARTIN,
WILHELM SCHERER.

XXXVII.
ÜBER DEN EINFLUSS DES REIMES AUF DIE SPRACHE OTFRIDS.

STRASSBURG.
KARL J. TRÜBNER.

LONDON.
TRÜBNER & COMP.
1880.

ÜBER

DEN EINFLUSS DES REIMES

AUF DIE SPRACHE OTFRIDS

BESONDERS

IN BEZUG AUF LAUT- UND FORMENLEHRE

VON

THEODOR INGENBLEEK.

MIT EINEM REIMLEXIKON ZU OTFRID.

STRASSBURG.
KARL J. TRÜBNER.

LONDON.
TRÜBNER & COMP.
1880.

Buchdruckerei von G. Otto in Darmstadt.

EINLEITUNG.

Es kann durchaus nicht auffallen, dass Otfrid — er, der zuerst in deutscher Sprache den Reim in einem so umfangreichen Gedichte verwandte — sich des Reimes wegen ungebräuchlichere oder zuweilen gar falsche Wortformen und Constructionen erlaubt hat; oder dass er oft Umschreibungen und besonders gern adverbiale Redensarten anwendet, welche keinen anderen Zweck haben, als nur den Vers vollständig zu machen. Dieses findet sich ja mehr oder weniger bei allen, die sich der gebundenen Rede bedienen.[1]

So musste es denn auch geschehen, dass alle neueren Bearbeiter Otfrids sich nicht selten gezwungen sahen, einen Einfluss des Reimes auf die formelle oder syntactische Gestaltung der Sprache des Dichters zu konstatiren. So Piper in seiner Ausgabe von „Otfrids Evangelienbuch mit Einleitung und erklärenden Anmerkungen". Paderborn 1878; — Erdmann in seinen „Untersuchungen über die Syntax der Sprache Otfrids", I. Theil, Halle 1874. II. Theil, Halle 1876; und früher schon in der Zeitschrift für deutsche Philologie I, 438. Endlich ganz besonders Kelle in seiner „Formen- und Lautlehre der Sprache Otfrids", Regensburg 1869, einem Werke,

[1] Für die altfranzösischen Dichter z. B. hat dieses eingehend gezeigt Hugo Andresen: 'Ueber den Einfluss von Metrum, Assonanz und Reim auf die Sprache der altfranz. Dichter'. Diss. Bonn. 1874.

das alle Untersuchungen, welche sich mit Otfrids Grammatik beschäftigen, wesentlich erleichtert.

Wie schon angedeutet, nehmen die genannten Forscher nur gelegentlich auf den Einfluss des Reimes Rücksicht. Erdmann und Piper suchen namentlich in syntactischer Beziehung dem Einflusse des Reimes einen möglichst kleinen Spielraum zuzuweisen — ein Princip, das gewiss Niemand wird tadeln wollen; aber zuweilen erscheint ihre Erklärung doch etwas gekünstelt. Hiergegen wendet sich Behaghel in seinem Schriftchen „Die Modi im Heliand", Paderborn 1876 und dann eingehender in „Zeitfolge der abhängigen Rede im Deutschen", Paderborn 1878. Es sei mir erlaubt, aus letzterem folgende Stelle anzuführen, die sich p. 26 findet: „In allen vier Stellen [II, 6, 39. I, 11, 39. II, 14, 97. IV, 28. 3.] steht der fragliche Conjunctiv im Reim, und wir haben keine Gewähr für seine sprachliche Richtigkeit. Ich weiss nicht, warum man sich so sehr dagegen sträubt anzuerkennen, dass durch das Bedürfniss des Reims der Schriftsteller zu Ausdrücken und Constructionsweisen geführt worden, die ohne den Reim nirgends und niemals jemand angewendet haben würde. Göthe spricht bekanntlich in seinem „Todtentanz" von Gräbern in Lage [: Tage]. Wenn Erdmann oder Piper, ich sage nicht zu beweisen, sondern auch nur zu behaupten wagen, dass dieser Ausdruck erstens poetisch und zweitens deutsch sei, so bin ich nicht abgeneigt, mich von meiner Ansicht über den Einfluss des Reims bekehren zu lassen. Und so das geschieht am grünen Holz, was soll am dürren werden? Man scheint oft ganz zu vergessen, dass wir eine Jahrhunderte lange Tradition der Reimkunst hinter uns haben, dass aber Otfrid vielleicht der erste oder doch der ersten einer war, die deutsche Reime geschmiedet haben. Warum will man nun bei Otfrid abstreiten, was man bei Dichtern aller Zeiten und Völker zugeben muss?" —

Nach dem Gesagten nun dünkt es mich nicht unverdienstlich zu sein, die Fälle, wo sich der Einfluss des Reimes geltend macht oder zu machen scheint, zusammen zu stellen. Dass ich hierbei auf Kelle's, Erdmann's und Piper's Arbeiten fusse, wird mir hoffentlich Niemand verargen.

Bevor ich mich zur eigentlichen Untersuchung wende, seien mir noch ein paar einleitende Worte gestattet.

Wie sicher es auch im Allgemeinen ist, dass der Reim die Sprache Otfrids beeinflusste, so ist es doch im Einzelnen oft kaum zu entscheiden, ob und in wie weit ein Einfluss des Reimes angenommen werden darf. Von einigen Formen wissen wir, dass sie auch sonst völlig gleichberechtigt neben einander gebraucht werden; von anderen aber wissen wir dieses vielleicht nur zufällig nicht; z. B. I, 11, 36. 57 erscheint *krippha* mit vocalischem Thema; I, 12, 20 aber, ebenfalls ausserhalb des Reimes, mit consonantischem Thema, das sonst nirgends belegt ist. Eben so kommt im Ahd. *stimma* nur mit vocalischem Thema vor; so auch bei Otfrid zweimal ausserhalb des Reimes II, 13, 14. IV, 24, 3; doch I, 6, 11 mit consonantischem Thema. Umgekehrt begegnet neben dem gewöhnlichen consonantischen Thema ein vocalisches: gen. sing. *freisun* I, 3, 12 und acc. sing. *freisa* II, 6, 16. Beide Formen stehen ausserhalb des Reimes.

Ich führe noch einige Beispiele anderer Art an, die sich sämmtlich gleichfalls ausserhalb des Reimes finden und bei denen eben so wenig, als bei den vorher angeführten, ein metrischer Grund eingewirkt haben kann.

Nur III, 7, 53 steht die schwache Form des Pronomen possessivum (I, 2, 20 gehört *mîno* zu *suntâ* cf. Kelle p. 335. 342).

Der Instrumental des Pron. poss. findet sich bloss V, 3, 19 cf. Kelle p. 337. Erdmann II, § 256. *scirmen* regiert stets den dat. (L 52. II, 3, 67. III, 1, 37. 41), aber V, 3, 13 den acc. III, 7, 90 steht *(unsih) hungere biuuerien,* c. dat., wie sonst immer: IV, 7, 60. 16, 34; nur II, 7, 13 steht der gen.: *(thie liuti) hungeres biuuerita.*

Hieraus folgt nun, dass man mit absoluter Sicherheit nur in den seltensten Fällen eine auffallende Form im Reime für geradezu fehlerhaft erklären kann. Ja, in einigen Fällen kann man nicht einmal sagen, ob eine reimende Form die gewöhnlichere oder ungewöhnlichere sei, z. B. wenn zwei verschiedene Bildungen nur im Reime und noch dazu gleich oft vorkommen. Dass hierbei aber die für den Reim gerade bequemere Form gewählt wurde, ist an sich klar, und in sofern ist es auch hierbei erlaubt, von einem Einflusse des Reimes zu sprechen.

Als entschieden vom Reime beeinflusst sind in der folgenden Zusammenstellung der Einfachheit wegen alle die Formen hingestellt, welche sich ausserhalb des Reimes stets anders vorfinden.

Am grössten ist die Unsicherheit auf syntactischem Gebiete; so ist z. B. nicht zu verkennen, dass die parallele Anreihung zweier Sätze oder das Schwanken im Gebrauche der Modi für die Erlangung eines Reimes sehr bequem ist. Um nur ein significantes Beispiel herauszugreifen, sei an II, 14, 11. 12 erinnert; dort heisst es nach der allgemein üblichen Interpunction:

Thie júngoron iro zílôtun,
in kóufe in muas thô hólêtun,
tház sie thes giflízzîn,
mit selben kristę inbízzîn.

Man erwartet . . . . *holêtîn, unanta sie thes giflizzun* . . . .; denn „die Jünger beeilten sich, sie holten sich Speise, damit sie darnach strebten, mit Christus zu essen“, klingt doch sehr sonderbar.[2]

Andererseits aber unterliegt es auch keinem Zweifel, dass die Parataxis der Sätze zur Zeit Otfrids noch ziemlich

---

[2] Doch lässt sich diese Stelle auch noch von einem anderen Gesichtspunkte aus betrachten — und dieser dürfte der einzig statthafte sein. Fasst man nämlich — *in koufe in muas thô holêtun* — als Parenthese, so ist nicht nur alles in Ordnung, sondern wir sehen dann sogar noch eine Eigenthümlichkeit des alten epischen Stiles bewahrt; denn nach Heinzel: „Ueber den Stil der altgermanischen Poesie“ p. 13 ist es im altgermanischen Epos beliebt, Nebensätze zwischen zusammengehörige Satztheile treten zu lassen — und zwar Nebensätze der mannigfachsten Art. Bei Otfrid sind wohl am häufigsten begründende (z. B. III, 6, 56. IV, 2, 16. 16, 25. 18, 5. 29) und bekräftigende (z. B. III, 20, 11. 17. 22, 27) Parenthesen; aber auch Nebensätze mit wünschendem (z. B. IV, 1, 5), aufforderndem (z. B. IV, 15, 8), gegensätzlichem (z. B. IV, 16, 8) oder mit näher bestimmendem (z. B. IV, 3, 18) Inhalte u. a. werden oft eingeschoben.

Ueber sonstige Spuren altgermanischen Stils bei Otfrid s. Seemüller im Anzeiger zur Zeitschrift für deutsches Alterthum, 23, p. 210.

häufig war, so dass der Dichter auch ohne durch den Reim gezwungen zu sein, sie gebrauchen konnte.

Und ob der Indicativ oder der Conjunctiv für den jedesmaligen Zusammenhang angemessener oder gar nothwendig sei, darüber lässt sich erst recht streiten. Beispielshalber will ich auf die Erklärungen zu L. 9. V, 16, 31 verweisen:

L. 9 óba ih thaz iruuéllu,
theih sînaz lób zellu,
zi thíu due stúnta míno,
theih scrîbe dâti sîno; . . . .

V, 16, 31 óba sie thes gigâhent,
zi gilóubu sih gifâhent:
gidóufit uuerdên álle,
so ist iro lába thanne.

Erdmann sieht in *iruuellu* — *due* einen willkürlichen Wechsel des Modus, wobei sich ein Unterschied der Darstellung nicht herausbringen lasse. Nach Piper soll der Wechsel des Ind. und Conj. ausdrücken, dass die Ausführung des zweiten Theiles dem Dichter fraglicher erscheine, als die des ersten. Nach Behaghel wäre nicht nur *zellu,* sondern auch *due* abhängig von *iruuellu; zellu* stände des Reimes wegen statt *zelle.* Und V, 16, 32 wäre der Conj. wünschender Nachsatz zu v. 30, was auch Erdmann annehmen möchte. Piper dagegen nimmt *gidoufit uuerdên alle* als die Fortsetzung der Bedingung im Conj. S. Erd. I, § 139. § 181. § 286. Behaghel: 'Modi im Heliand' p. 44. Pip. z. d. St.

Piper's Erklärung dürfte wohl die richtige sein.

Eine eingehende Behandlung dieser und ähnlicher Stellen würde mich für meinen gegenwärtigen Zweck zu weit führen. Daher begnüge ich mich, über den Einfluss des Reimes in syntactischer Hinsicht nur das mir Wahrscheinliche einfach zusammen zu stellen.[3]

[3] Auf die bei Otfrid so zahlreichen Flickwörter u. dgl. ist gar nicht weiter eingegangen: „hier (bei Otfrid) könnte man oft ganzer Verse entbehren: aber der Dichter bedarf ihrer um des Reimes willen; ganze Gedanken verlieren sich in nebelhafte Unbestimmtheit: aber der Dichter wusste das gesetzte Maass der Accente nicht anders zu füllen als mit der Einschaltung unnützer, unklarer, eben nur ausfüllender Redensarten". Wackernagel: Elsässische Neujahrsblätter für 1847. (Kl. Schr. II, p. 210).

Schliesslich will ich noch eine Uebersicht über den Gang meiner Arbeit geben. Dass Manches mit demselben Rechte an einer anderen Stelle behandelt sein könnte, gebe ich gerne zu.

A. Laut- und Formenlehre: über den Einfluss des Reimes

1) beim Verbum:

§ 1. Abfall auslautender Consonanten.
§ 2. Assimilation zweier Consonanten.
§ 3. Einschiebung von *n, s, u.*
§ 4. Ungewöhnliche Conjugation.
§ 5. Ganz oder theilweise gleichberechtigte Verbalformen finden sich neben einander vor je nach Bedürfniss.
§ 6. Infinitiv st. v. — *en.*

2) beim Substantivum und Adjectivum:

§ 7. Wechsel des Genus oder des Stammes beim Substantiv.
§ 8. Ganz oder theilweise gleichberechtigte Formen des Substantivums oder Adjectivums finden sich neben einander je nach Bedürfniss.
§ 9. Abschwächung auslautender Vocale.
§ 10. Vertauschung auslautender Vocale.
§ 11. Ungewöhnlicher Umlaut.
§ 12. Aenderung des Vocals in Endsilben.
§ 13. Abfall oder Verstümmelung der Endung beim Substantiv.
§ 14. *uuorto, uuorton, uuorte.*
§ 15. *fater, man.*
§ 16. *-iu* statt *-u.*
§ 17. Flexionsloses Adjectiv.
§ 18. Auffallende st. oder sv. Form des Adjectivs.

3) beim Adverbium:

§ 19. Adverbium statt Adjectiv.
§ 20. Ungewöhnliche Form einiger Adverbien.

§ 1.

ABFALL AUSLAUTENDER CONSONANTEN.

a. -*n* ist abgefallen:

1) In 1. p. sing. ind. praes. von *redinôn*: II, 14, 35 *firnim nu, uuîb, theih rédino (:thô)*; II, 18, 3 *so ih nu rédino (:forasagôno)*. — Vgl. II, 9, 87. 21, 13. III, 14, 4.

2) In 1. p. plur. conj. praes. von *firsuîgên:*

III, 19, 8: (tház uuir thes bigínnên,
uuir hônida gihengên,)
odą in thes uuórtes uuîge
uuiht iámanne firsuïge. Und von

lîchên III, 26, 62 (nu îlemês thes thénken
ioh émmizîgên uuirken,)
thaz imo ió lîche
zemo hõhen himilrîche;
ioh únsih etc.

cf. Piper und Erdmann II, § 55.

3) In 3. p. plur. conj. *α*) praes. von

pînôn I, 23, 62 noh thih dãti thîno
in ẽuuôn ni pîno.

birînan I, 25, 6 thaz thih hénti mîne
zi dóufenne birîne.

rînan II, 12, 46 ioh uuánana thih rîne
thie selbûn kúnfti sîne.

smerzan II, 16, 17 sãlîg thie ármherze,
ioh thie ármu uuihti smérze.

scînan V, 25, 39 zi thiu thaz gúatî sîne
thes thiu báz hiar scîne. —

β) praet. von

mohta S. 13	ni thaz mîno dohti giuuérkôn thaz ió móhtî.
uuas IV, 28, 3	uuanta íro uuârun fîari, thie in theru dâti uuâri.
gîêrêta IV, 4, 25	then ió liuto dâti sô scôno giêrêtî.
irbarmêta IV, 2, 28	inan thie ármuatî uuiht irbármêtî. und
IV, 6, 11	uuio óuh thio méindâti nihein nirbármêtî.

cf. III, 24, 60 *inan irbarmêta ther dôto* und II, 3, 67 *uuir nan ouh irbarmên.*

Die von Piper bei *irbarmên* angenommene Construction kommt sonst nirgends vor. (IV, 4, 25 gibt auch Piper die Apocope des *n* im Reime zu.)

4) Im Infinitiv findet sich Abfall des *-n* (das in späteren Denkmälern nicht selten abgeworfen wird, s. MSDenkm.[2] p. 560 cf. auch p. 401) nirgends bei Otfrid. Selbst in F ist ausser an den oben erwähnten Stellen *-n* nur abgeworfen in 1. p. plur. praes. II, 6, 32. III, 20, 89. 134.

5) Dass auch bei einem Substantivum oder Adjectivum *-n* des Reimes wegen abgefallen wäre, dafür gibt es kein sicheres Beispiel; vielmehr scheinen die Reime *giuuago: uuîzagôn* I, 3, 37, *suazo: fuazon* I, 27, 59 und *racha: lachan* IV, 4, 32 direkt dagegen zu sprechen; doch ist zu beachten, dass die ersten zwei Fälle sich in lib. I finden, in welchem die meisten ungenauen Reime, ja sogar 7 reimlose Verse (I, 5, 5. 61. 6, 9. 7, 9. 19. 27. 18, 9. — sonst ist nur noch IV, 35, 15 reimlos) vorkommen.

Ueber *êuuarte* IV, 19, 15 s. § 7. 5. —

uuorto dat. plur.? II, 23, 7. IV, 30, 4. V, 6, 13 s. § 14. — *uuorton offonôro* III, 15, 48 s. § 23.

b. *-s* ist abgefallen:

1) in 2. p. sing. praes. von *scouuôn*

I, 18, 7	ni bist es íó gilóubo, sélbo thu iz ni scóuuo. Und von
biscouuôn V, 23, 227	thu uuírdist mir gilóubo, sélbo thu iz biscóuo,

229 ioh scouôs, uuízîst du tház,
lîob filu mánagaz.

„Ich möchte trotz der entgegenstehenden Ansicht Grimm's (Kuhn's Zeitschrift I, 144 ff.) glauben, dass Otfrid nur des Reimes wegen das *s* unterdrückt und das Verbum als 2. Sg. des Indicativs oder Conjunctivs empfunden habe, wofür auch die Wortstellung und die ganz parallele Weiterführung *ioh scouôs* an der zweiten Stelle spricht". Erdmann I, § 179.

2) Auch wohl in *dâtî* III, 24, 94

ih hábêt iz íó giuuissaz — —
thaz thu álles uuio ni dãtî,
ni sî ál, sôs ih thih bâtî.

cf. Piper z. d. St. u. Erdmann I, § 192.

§ 2.

ASSIMILATION ZWEIER CONSONANTEN.

1) In dem Reime *uuessîn: missîn* II, 5, 18 *(quad, gúat ioh úbil uuessîn, thes gúates thoh ni missîn)* ist *missîn* sehr auffällig; es kann nur aus *mistîn* assimilirt sein; für diese Assimilation findet sich — ausser *missa* F V, 7, 10 — aber überhaupt nur ein sicherer Beleg: Notk. Psalm 108, 24 *fermisson.* — Can. 4 (Massmann, kl. Denkm. p. 86) wird zwar *deliquerit* mit *missa* glossirt, das dem *deliquerit* aber völlig parallel stehende *nequiverit* mit *ne megi;* desshalb ist es nicht sicher, dass mit *missa* der ind. praet. gemeint sei — man erwartet ja den conj. und zwar den des praes.

Aber wenn Otfrid *mistîn* wegen *uuessîn* änderte, warum schrieb er nicht *uuestîn,* da von diesem Verbum [abgesehen von F] „unter 44 einschlägigen Stellen (Kelle p. 112) 38 *-st-* und nur 6 Stellen *-ss-* ausweisen?"

2) Auslautendes *m* ist in *-n* geändert, weil das andere Reimwort auf *-n* ausging, im praet. v. *girîman* im Reime *ein: girein* I, 3, 17 P. IV, 2, 13 F. — cf. II, 14, 120 F *irreinta (:zeinta).*

§ 3.

EINSCHIEBUNG VON N, S, U.

1) *n* ist eingeschoben in *suerrent* 2. p. plur. conj. praes. II, 19, 8:

> mînu uuort thiu uuérrent,
> tház ir sâr ni suérrent.

Vielleicht liegt hier auch ein Einfluss des Alemannischen vor; „denn im Alemannischen ist die nasalirte Form (2. p. plur. conj. praes.) ungemein beliebt. Die ältesten *-ent* kenne ich aus Notker," Weinhold Alem. Gramm. p. 337.

Zu beachten ist, dass der Reim *-ent: -et* gar nicht vorkommt bei Otfrid; *-et: -ent* nur I, 27, 28. II, 21, 23. 23, 5.

2) Kelle p. 108: „Das Präteritum ist durch die Formen *er konda* I, 27, 31 VP und *konsti* III, 16, 17 belegt. Das *s* ist wie bei *an* eingeschoben, und hier um so natürlicher, als der Reim auf *kunsti* dazu, wenn auch nicht zwang, doch aufforderte". — Wesshalb „hier um so natürlicher" *s* eingeschoben sein sollte, ist nicht einzusehen; denn *er gionsta* III, 22, 9 steht im Reime auf: *-sta;* ebenso *er gionsti: -sti* V, 25, 101.

Allerdings forderte der Reim zur Einschiebung des *s* auf; denn während 17mal *-sta: -sta* (und einmal *-zta: -sta* I, 13, 10) vorkommt, steht nur einmal *-sta: -ta:* I, 10, 4 *irlôsta: uuîsôta;* und während *-sti: -sti* 79mal reimt (u. zweimal *-sti: -sbti* II, 12, 77. V, 7, 34), findet sich nur einmal *-ti: -sti:* I, 5, 18 *uuenti: ensti.*

3) Auch wohl nur des Reimes wegen ist *u* eingeschoben in *irknuatit (:instuantit)* IV, 15, 23 VP.

§ 4.

UNGEWÖHNLICHE CONJUGATION.

Das Bedürfniss des Reimes war Veranlassung, ein Verbum einer Conjugationsklasse zuzuweisen, der es sonst nicht angehört:

1) *gidrahte (:fehte)* I, 1, 85; sonst im Ahd. und auch bei Otfrid nur *gidrahtôn.*

Auch wohl nur des Reimes wegen *gireine (:heile)* III, 1, 15, da Otfrid wenigstens sonst stets *reinôn, gireinôn* gebraucht. Ebenso *thanke (:uuirke)* V, 25, 18 für das gewöhnliche *thankôn.* Allerdings steht auch einmal ausserhalb des Reimes L. 26 *thanke.*

Ferner begegnet III, 3, 13 *lîchan (:rîchan)* statt *lîchên.*

2) In IV, 7, 19. 20.

thaz dãtun sie bî nõti,
thaz ros ni kránkolôtî,
ioh iz ni firspúrni,
so er thera réisa bigunni

nimmt Kelle p. 89 *firspurni* 'als praes. mit der seltenen Endung *-i* statt *-e*, begünstigt durch den Reim auf *bigunni*'. Als einzige Analogie für diese Form auf *-i* führt er *bigrabi* P V, 23, 262 an, welche Form jedoch nach Piper auf falscher Lesung beruht. Also stände *firspurni* ganz allein da; hierzu käme noch der auffallende Wechsel von praet. *(krankolôtî)* und praes.; da nun ferner bei Otfrid kein sv. praet. von diesem Stamme belegt ist (auch bei Tatian nicht), so scheint nichts der Annahme zu widersprechen, dass Otfrid *firspirnan* hier als st. v. behandelte, so dass also *firspurni* der regelrechte conj. praet. wäre. Bestätigt wird diese Annahme durch das part. praet. *firspurnan offensus* gl. K. 258. Graff VI, p. 358. cf. Schade Ahd. Wb. '*firspirnen* eigentlich wohl ursprünglich st. V. abl. 1, wie ags. *speornan* Grein 2, 470. March 103.'

In wie weit hier ein Reimeinfluss vorliegt, ist nicht zu entscheiden, da das Verbum überhaupt zu selten ist; im Got. fehlt es ganz; hier ist genau in derselben Bedeutung das st. v. *ga- (bi-) stiggqan* gebraucht.

§ 5.

GANZ ODER THEILWEISE GLEICHBERECHTIGTE VERBALFORMEN FINDEN SICH NEBENEINANDER VOR JE NACH BEDÜRFNISS.

1) *duas (: muas)* III, 7, 79; dagegen *biligis : duis* III, 16, 47.

2) Je einmal erscheinen *ginuzzen* und *nuzzôn:* III, 7, 38 *ginuzta : sazta* und I, 5, 40 *einluzzo : nuzzo.*

3) Formen auf *-en* (neben denen auf *-ôn):*

(thârmit:) gibilidit I, 22, 60.

(himile:) irbilide II, 3, 10.

(himile:) uuidire III, 12, 44.

unerne (: firspurne) III, 23, 38.

§ 6.

INFINITIV ST. V. -EN.

Nur im Reime gebraucht Otfrid bei st. V. im Infinitiv die spätere Endung *-en:*

heizen (: giuueizen) II, 7, 37. *F* hat *heizan* (das auch *VP* ursprünglich hatten) und *giuueizan*, trotzdem in *F* die Endung *-en* sich öfter findet.

irlîden (: sînên) II, 4, 19.

bilinnen (: uuillen) IV, 36, 1.

gisprechen (: rechen) V, 20, 34.

Ausserhalb des Reimes steht II, 10, 12 *VP nemen.* — IV, 18, 39 *VP uuuafen (: ruafan),* wofür *F uuuafan : ruafen* liest. Da es sonst aber immer *neman* (IV, 21, 9. 24, 26) und *uuuafan* (V, 6, 47. III, 24, 45) heisst, so ist mit Kelle p. 125 nur „eine Irrung des Schreibers anzunehmen, welche der Aufmerksamkeit des Correctors entgangen ist".

§ 7.

WECHSEL DES GENUS ODER DES STAMMES BEIM SUBSTANTIVUM.

1) I, 4, 73 steht *(thaz) antfangi (: gisagêtî)* statt des sonst allein gebräuchlichen *ther antfang.*

2) Je nach Bedürfniss gebraucht Otfrid *ther ruah* und das sonst gewöhnlichere *thiu ruacha* : das Masc. (stets im Reime) L. 87. IV, 24, 30. 35, 32; das Fem. (acc. sing.) *H. 40 ruachon (: buachon).* Sowohl Masc. als Fem. kann sein der Dat. Plur. *ruachon : buachon* II, 9, 18. 10, 15. III, 1, 25. IV, 1, 33.

3) *segan* kommt sowohl bei Otfrid, als auch sonst nur als masc. *a*-Stamm vor, doch II, 14, 91 *seginin (: sîn)*. Trotzdem kann man diesen *i*-Stamm nicht für unbedingt falsch erklären, wenn man z. B. an *livol* denkt, welches sonst stets als *a*-Stamm vorkommt, aber H. 95 ausserhalb des Reimes als *i*-Stamm erscheint; die Formen vom *a*-Stamme finden sich bei Otfrid stets im Reime.

4) *arm,* sonst als *a*-Stamm gebraucht, zeigt einmal einen *n*-Stamm : acc. plur. *armon (: hornon)* II, 9, 83.

5) Statt des sonst gebrauchten *ėuuarto* (wovon ausserhalb des Reimes Formen belegt sind I, 4, 18. 17, 71. 23, 4. III, 25, 5. 26, 2. IV, 1, 1. 16, 13. 19, 57.) findet sich IV, 19, 15 der dat. *ėuuarte (:mezuuorte)*; ob hierbei an einen *a*-Stamm gedacht ist, oder ob nur das *-n* abgefallen ist, lässt sich nicht entscheiden.

6) II, 21, 7

thaz ió bî thémo meine
thaz múat sî fasto héime,
then húgu in thên githánkon
ni lāzet uuergin uuánkôn

passt *mein* = *facinus* nicht in den Zusammenhang. Das so oft als Versicherung gebrauchte *bî thia meina* würde sehr gut passen. Neben *thiu meina* kommt aber ein *thaz mein* oder *ther mein* in gleicher Bedeutung nicht vor. Also ist *bî themo meine* höchst wahrscheinlich nur des Reimes wegen (statt *bî thia meina*) gesetzt cf. Kelle p. 173. Anm. 2.

7) Neben dem sonst allein vorkommenden *thaz heri* findet sich IV, 4, 38

heri óuh rédihaftêr
sô fólgata thâráfter.

8) *thaz gisiuni* ist ziemlich häufig belegt; nur III, 20, 50 heisst es

sô quam gisíuni mînêr (: sînêr).

9) II, 11, 2 *zi theru heimingî (: iungî)* statt des gewöhnlichen Neutrums *themo heiminge*.

10) Acc. sing. *salmon (: thingon)* IV, 28, 23 statt des für Otfrid gewöhnlichen *i*-Stammes.

11) Weil neben *thiu ginuht* im Ahd. nur Notk. Ps. 71, 7 (Kelle p. 202) *thiu ginuhtî* vorkommt, ist nom. sing. *ginuhtî (: zuhti)* II, 4, 48. sicher nur auf das Bedürfniss des Reimes zurückzuführen.

12) Den dat. plur. *in êuuôn* (nicht „in der Ewigkeit", sondern = *in aeternum* cf. Tatian 82, 10 *vivet in aeternum lebêt in êuuidu)* gebraucht Otfrid adverbial z. B. II, 14. 42. H. 8. I. 2, 37. 54. 17, 7. 23, 62 u. ö. Im Ganzen ungefähr vierzig Mal. Es liegt daher kein Grund vor, in der zufällig nur im Reime vorkommenden Verbindung *unz in êuuôn (= usque in aeternum)* I, 2, 58. 28, 20. II, 16, 16. 24, 45. V, 21, 23 *êuuôn* mit Kelle als Accus. aus einem consonantischen Thema („durch den Reim veranlasst"), der ausserdem noch des Reimes wegen auf *-on* statt auf *-un* ausginge, aufzufassen. Dass *unz* und *unz ín* sonst c. Accus. stehen (z. B. Tat. 180,5 *gitruobit ist mîn sêla io unz in tôd* , könnte nur dann gegen meine Ansicht sprechen, wenn *in êuuôn* hiesse „in der Ewigkeit".

13) *uuarba* zeigt einmal einen consonantischen accus. sing. : *sâr thia uuarbûn (: salbûn)* V, 4, 13; sonst ahd. und auch bei Otfrid nur als vocal. Thema belegt, z. B. *sâr ió thia uuarba* III, 14, 26. 20, 47. V, 3, 12. Doch steht bei Otfrid *uuarba* stets im Reime.

14) Statt des gewöhnlichen *hertî* (das auch IV, 13, 29 vorliegt), findet sich IV, 6, 5 der gen. sing. *harta (: irtharta)*, „der zu einem Substantivum *harta* gehört, das sonst nur mit consonantischem Thema begegnet".

15) „Einmal und zwar im Reime auf *hôha* und sicher dadurch veranlasst steht I, 5, 27 im accus. sing. *uuîha*" [Subst. statt *uuîhî*] (Kelle p. 229). Jedoch ist hier *uuîha* eben so gut Adjectiv als *hôha:*

got gíbit imo uuîha (sc. êra)
ioh ēra filu hōha.

Dieselbe Construction findet sich

I, 17, 15 sie záltun séltsâni
ioh zéichan filu uuāhi.
I, 19, 20 (uuard irfullit) fon gote séltsânaz
ioh uuúntar filu uuāraz; und

IV, 33, 13 uuánta sah gifángan
ioh trúhtîn irą irhángan.

Vergl. II, 11, 45. III, 14, 81 und H. 23. II, 7, 12. 63. III, 7, 17 u. ö.

Freilich ist der Einfluss des Reimes bei dieser Construction nicht zu verkennen.

16) Neben dem oft gebrauchten *riuua* begegnet ein sonst ahd. nicht vorkommendes *riuuî (: thiuuuî)* III, 10, 30.

17) Neben *stulla* ein sonst ungebräuchliches *stullî (: stilli)* III, 8, 48.

18) Und neben *uuunna* (z. B. II, 16, 4. V, 23, 291) ein sonst gleichfalls nicht belegtes *uuunnî (: adalkunni)* I, 3, 4. V, 22, 3. *(: kunni)* I, 18, 10. *(: grunnî)* I, 28, 14. *(: uuunni* conj. praet.) II, 6, 39. Eben so ist *uuunno (: brunno)* III, 14, 81 [natürlich nom.: *brunno (*näml. *alles guates) ioh alles guates uuunno*] und der acc. sing. *uuunnon (: mannon)* IV, 3, 24 nur des Reimes wegen gesetzt.

19) Das von Kelle p. 230. 1. neben *thiu uuîhî* aus *uuîhes* I, 6, 8. II, 11, 45 und *uuîhe* I, 26, 12. IV, 37, 16 angesetzte *thaz uuîhi*, das sonst nicht vorkommt, aber hier aus Reimnoth gesetzt wäre, möchte ich nicht annehmen. Ich halte *uuîhes, uuîhe* einfach für Formen des substantivirten neutralen Adjectivs *uuîh*. Allerdings ist der dat. sing. mit st. subst. Flexion auffallend; doch weil er in adverbialen Redensarten ganz gewöhnlich ist, so glaube ich ihn auch hierfür annehmen zu dürfen. Vergl. die zahlreichen Analogien von subst. neutr. Adjectiven bei Erdm. II, § 62 ff.

Eben so halte ich *thaz festi, thaz gâhi, thaz scôni* (Kelle p. 231. 3. 4. p. 232. 6) für subst. neutr. Adjective.

Neben *thiu analîchî* kann man auch ein Substantiv *thaz analîchi* aufstellen im Hinblick auf das got. *(anþar-)leiki* sv. fem. und *(ga-) leiki* stn. Dasselbe dürfte für *guallîchi* gelten.

Endlich *thaz uuizzi* (neben *thiu uuizzî*) erklärt sich zur Genüge aus got. *unviti* st. n. und ahd. *gauuizzi* st. n.

Jedoch I, 4, 54 ni gíbit uns thaz álta,
thaz thiu iúgund scólta

ist *thaz alta* formell zwar richtig (subst. Adject. des Neutr.), aber logisch falsch; denn *thaz alta* heisst „das Alte" (cf.

Tat. 56, 10 *thaz alta ist bezira* = *vetus* (Gegsz. *novum*) *melius est*. O. III, 7, 46 *thaz alta* = das alte Testament); hier aber soll es offenbar nicht heissen „das Alte" gibt uns . . . „ sondern „das Alter" (*senectus*) = *thiu eltî* (o. ähnl.). Also ist *thaz alta* nur gesetzt; weil es bequem war für den Reim. Ungewöhnlich ist *thaz alta* in jedem Falle, obgleich sich im Ahd. auch einmal *vetustas* mit *thaz alta* glossirt findet: Notk. Ps. 68, 22: *Ih uuolta iro fidem (glouba). dô fant ih vetustatem (thaz alta).* [*vetustas* scheint mir hier in dem Sinne von *versutia* zustehen, wodurch freilich für die Erklärung von *thaz alta* nichts gewonnen wird.]

20) Neben dem sonst allein vorkommenden *thiu geginuuertî* steht V, 7, 48 *geginuuert (: tharauuert)*.

21) III, 17, 7; 22, 10 begegnet *fârûn (: uuârun)*, obgleich im Ahd. *fâra* sonst stets mit vocalischem Thema erscheint.

22) Neben dem bei Otfrid gewöhnlichen *ther uuêuuo* findet sich einmal *thiu uuêuua (: liaba)* III, 10, 6; *thiu uuêuua* ist jedoch, ausser bei Otfrid, keineswegs ungebräuchlich.

23) *forahta* erscheint bei Otfrid immer mit consonant. Thema, nur im accus. sing. zeigt es viermal vocal. Thema:

forahta (: uuorahta) I, 1, 80. III, 14, 60. IV, 19, 48.
(: uuonêta) III, 15, 3.

24) *salba* findet sich einmal mit vocal. Thema: gen. sing. *salba (: alahalba)* IV, 2, 19. Mit conson. Thema begegnet es V, 4, 13 im Reime und IV, 35, 19. 40. ausserhalb des Reimes. Tatian kennt nur das conson. Thema, wovon er 6 Formen belegt.

25) Eben so begegnet einmal accus. sing. *suorga (: berga)* II, 4, 81, der V, 23, 217 ausserhalb des Reimes *suorgûn* (wie auch Tat. 128, 9) lautet.

26) Zweimal findet sich neben dem bei Otfrid gewöhnlichen consonant. *unda* der dat. sing. *undu (: allu)* I, 26, 10; (*: erdu)* III, 8, 18.

27) *uuîsa* erscheint stets mit conson. Thema, mit Ausnahme von III, 17, 24:

sînu uuórt uuîsu
sus zi thérêra uuîsu.

28) *uuunta* zeigt zweimal das ungewöhnliche vocal. Thema : acc. plur. *uuuntâ (: suntâ)* IV, 10, 15. V, 23, 134.

29) IV., 23, 8 steht das st. Subst. *hôna (: corôna)*, wofür sonst nur *hônida* vorzukommen scheint.

30) V, 23, 91

hiar ist íó uuĕuuo
ioh allo zīti sêro

könnte man zwar, wie Kelle p. 246 Anm. 2 bemerkt, *allo zîti* als Nom. und *sêro* als Adjectiv auffassen; aber offenbar entsprechen sich *io — allo zîti* und *uuêuuo — sêro* „hier ist stets Trübsal und immerdar Schmerz". Also ist hier wahrscheinlich ein des Reimes wegen gesetztes sv. subst. *sêro* anzunehmen (statt des sonst allein vorkommenden st. neutr. *sêr*). Doch kann *sêro* eben so gut Adverb sein, s. O. V, 25, 61. L. 35. III, 1, 31 u. ö. vgl. Gram. 4, 924 *iz uuas spâto.* Völlige Sicherheit ist also in Betreff dieser Stelle nicht zu erreichen.

§ 8.

GANZ ODER THEILWEISE GLEICHBERECHTIGTE FORMEN DES SUBSTANTIVUMS ODER ADJECTIVUMS FINDEN SICH NEBEN EINANDER JE NACH BEDÜRFNISS.

1) Je einmal begegnet *anaginge (: githuinge)* V, 20, 98 und *gingon* (acc.) *(: thingon)* V, 23, 42.

2) *bîta* kommt nur im Reime vor und zwar zweimal mit consonantischem Thema: *bîtun (: îltun)* V, 4, 10. 5, 4. und fünf Mal mit vocal. *bîta* (acc.) *(: giîlta)* III, 24, 40. *(: sîta)* IV, 33, 30. V, 11, 21. *(: îlta)* V, 7, 56. 65. — *bita* II, 14, 58 welches Kelle p. 218 s. *bîta* anführt, hat hiermit nichts zu thun.

3) Von *frâga* findet sich einmal der acc. sing. von einem consonantischen Thema gebildet IV, 16, 43: *frâgûn (: biquâmun).* Fünf Formen finden sich von dem vocal. Thema — aber sämmtlich im Reime.

4) I. 18, 3 steht *paradys (: uuîs)* und IV. 31, 26 *paradîsi (: uuîsi).* — II, 1, 25 hat Piper in den Text aufgenommen

ioh páradŷsi scônaz.

Ueberliefert ist: *paradysi so sconaz P.* — *paradysi sconaz* (*i* radirt, vor dem zweiten *s* ist *so* m. a. D. übergeschrieben) *V.* Auf dieselbe Lesart weist auch *paradiso sconaz F.* hin, also ist zu lesen

ioh páradŷs sô scônaz.

5) Ob *dohtî (: mohtî)* S. 13. V, 12, 87 oder *dohta (: mohta)* V, 23, 236 das Gewöhnlichere sei, ist nicht zu entscheiden, da dieses Substantiv sonst nirgends vorkommt.

6) Neben dem Accus. *farauua* I, 5, 18 und *farauuân* I, 4, 25 (beide ausserhalb des Reimes), steht V, 4, 32 das auch sonst zuweilen vorkommende *farauuî (: gigarauui)*.

7) Je einmal begegnet *hêra (: uuâra)* IV, 12, 32 und *hêrî (: diuri)* IV, 4, 22.

8) Dem *zesauuî (: beitônti)* I, 4, 22 steht *zesauuu : redinu)* IV, 19, 56 gegenüber; beide nur hier.

9) *thultî (: antuuurti)* IV, 19, 41. 23, 34; aber III, 11, 17 *thult (: stunt)*.

10) Ausserhalb des Reimes kommt je einmal vor *thiu nuzzî* II, 6, 12 und *ther nuz* I, 1, 69. Im Reime finden sich 15 Formen vom Fem. und 3 vom Masc.

11) Neben dem von Otfrid sonst ausschliesslich gebrauchten fem. *bluama* erscheint II, 22, 13 das masc. *bluomo* (*anascouuôn : bluomon* acc. plur.), das auch in anderen, besonders alemannischen Denkmälern vorkommt.

12) Neben dem häufig gebrauchten dat. *ente* steht I, 15, 6 der auch sonst vorkommende dat. *enti (: henti)*. Eben so dat. sing. *edili (: thîhenti)* I, 10, 27 und *gizâmi (: biquâmi)* I, 13, 20. [Die Form *gizâmi* ist sehr beliebt im Reime; s. Reimlex.]

Falsch ist jedoch der dat. sing. *flîzi (: firliazi)* IV, 24, 1. Umgekehrt steht V, 19, 32 *-e* statt *-i* : *zi gihugte (: scutte)*.

13) Adjective mit *ja*-Stämmen werfen im Falle, dass Casuszeichen und Themavokal fehlen, auch das demselben vorausgehende und dann stets im Auslaut zu erwartende *-i* je nach Bedürfniss des Reimes ab (auch nicht selten ausserhalb des Reimes) oder behalten es bei z. B.

I, 18, 3 thu ni bíst es, uuân ih, uuîs:
(thaz lánt, thaz heizit páradŷs).
und IV, 22, 7 ni bín ih ouh thes uuîsi,
(ob er thes lîbes scolo sî).
oder III, 5, 21 thaz uns ni uuése thaz zi suãr,
(uuir únsih íó firdrágên hiar).
und II, 6, 9 (tház imo ouh ni uuãri)
thaz gibót zi filu suãri.

s. Kelle p. 303.

14) Ob *thûsunt* ein Substantiv in gleichem Casus oder im Genitiv zu sich nimmt, entscheidet allein das Reimbedürfniss:

III, 6, 53 er múases sîd gab fóllon
fiar thũsonton mánnon.
IV, 17, 17 himilisge thégana
thũsunt filu mánaga.
Aber III, 6, 4 fon thẽn gab follon múases
finf thũsonton mannes.
V, 23, 223 uuãri in mir ginõto
managо (= -a) thũsunt muato.

15) Schliesslich sei noch erwähnt, dass im Reime auf *rediôn* II, 14, 66 *iudiôn* steht statt der gewöhnlichen Form auf *-eo(n)* z. B. III, 24, 43. V, 6, 40.

§ 9.

ABSCHWÄCHUNG AUSLAUTENDER VOCALE.

1) *-a* in *-u:*

So im gen. sing. 1. st. fem. declin.:

L. 14 (er ist) *uuîsera rédinu (: ebinu).*

H. 18 *thaz húggen thera uuúnnu (: minnu).* —

I, 23, 49 thaz síe sint ouh in áhta (regelm. Accus.)
ther íuuuera slahta (cfr. Erd. II, § 130).

Hiernach werden wir auch in

L. 56 bî thiu mág er sîn in áhtu
théra dâuîdes slahtu

slahtu als gen. auffassen, worauf auch *thera* hinweist; Otfrid hatte im Akrostichon ein *-u* nöthig. Ebenso das *slahtu* in

I, 1, 88 sie in síbbu ioh in áhtu
sîn alexánderes slahtu.

2) *-o* in *-e* beim Adj. fem. plur.:

a) nom. plur.: *henti mîne (: birîne)* I, 25, 6.

thio [nicht *thie*] *sêlâ filu rîche (: himilrîche)* V, 23, 70.

kunfti sîne (: rîne) II, 12, 46.

guati sîne (: scîne) V, 25, 39.

dati sîne (: truhtîne) V, 25, 47.

Kelle p. 340 stellt in diese Kategorie auch noch *lidi thîne* II, 9, 6. V, 2, 17. Weshalb Kelle (cf. p. 204) *lid* als fem. auffasst, weiss ich nicht. Sonst kommt es sowohl als masc., als auch als neutr. vor, aber nie als fem. (s. Schade Wb. Graff II, 188).

Aber auch bei Otfrid zeugt die einzige für das Genus in Betracht kommende Stelle gegen das fem.: V, 3, 10 heisst es

(sîn gisegonôt) hóubit ioh thio hénti,
thie lídi al unz in énti.

Also ist *lidi thîne* ganz korrekt.

b) acc. plur.: *steti uuuaste (: geiste)* II, 4, 2.

gifti gimuate (: biete) II, 18, 20.

thrahta thîne (: uuîne) II, 9, 94.

(Ueber die Abschwächung von *-o* in *-e* bei *sio, thio, theso* s. Erd. II, § 57 ff. Ueber IV, 7, 65 s. Erd. II, § 61.)

3) *-u* in *-e* in *eine*

II, 17, 4 : (thaz sie) mit thémo meine
ni uuerdên zi âz eine.

Und auch wohl in *andere niheine*

V, 20, 29 (irstantent) mit thémo selben béine,
ándere nihéine.

s. Erdmann II, § 256 b).

§ 10.

VERTAUSCHUNG AUSLAUTENDER VOCALE.

1) *-o* statt *-a*:

I, 5, 11 *(fand sia drûrênta ....) uuerk uuírkendo (: duacho).*

I, 5, 16 *(magad zieri ....) gote zéizâsto (: uuibo)* — *zeizosta F.*

I, 3, 37 *iro dágo uuard giuuágo fon altôn uuîzagôn.*

II, 9, 76 *thaz kind eino (: bizeino).*

I. 19, 9. 27; 35 *(sliumo :) in giriuno;* dieses könnte auch statt *-nu* stehen, doch ist in adverbialen Redensarten der Accus. häufiger.

2) *-a* statt *-u* im dat. sing. 1. st. fem. decl. III, 5, 6

(thaz súht ni derre uns mêra)
thên lídin ioh thera sêla.

(Auch einmal ausserhalb des Reimes *sêla* statt *sêlu*: V, 3, 2. s. Erd. II, § 257.)

(In *in uuâru : lêru* IV, 20, 26 hatte *V* ursprünglich ein falsches *lêra* und ein richtiges *uuâra;* beide *-a* wurden in *-u* geändert.) —

II, 15, 1 fúar thô druhtîn thánana
sîd thô thérêra redina

ist *redina* höchst wahrscheinlich als dat. (st. *redinu*) aufzufassen, weil *sîd* immer c. dat. steht cf. Erdmann II, § 265. — Piper fasst *redina* unabhängig von *sîd* und mit Berufung auf I. 14, 12, II, 14, 3 als Genitiv des Grundes: doch können in diesen zwei Stellen *thera giburti* und *thera ferti* (wenn kausal) auch Dative sein, da *thera* und *theru* bei Otfrid nicht genau auseinander gehalten werden; s. Kelle p. 356.

3) *urkundon luggu (: thiu)* IV, 19, 24 statt *lugge,* erkläre ich mir durch vorwärtsgreifende Assimilation unter Einfluss des Reimes entstanden. So assimilirt sich selbst ausserhalb des Reimes *himiles* zu *himilis* I, 1, 56 *[himiles F];* *ôstorûn* zu *ôstoron* I, 22, 4 u. ö.

Durch *thiu diufilir* (also Weiterbildung mit *-ir*) III, 14, 53 scheint mir für *luggu* nichts erklärt zu werden cf. Kelle p. 245. Anm. 8. p. 249. 6. Erdmann II. § 78. und Piper zu IV, 19, 24.

§ 11.

UNGEWÖHNLICHER UMLAUT.

maht erscheint stets ohne Umlaut, nur II, 17, 22 heisst es *mehti (: krefti).*

Beachtungswerth ist, dass V, 4, 1. 17, 9. ebenfalls im Reime auf *krefti,* sich *mahti* findet.

§ 12.

AENDERUNG DES VOCALS IN ENDSILBEN.

1) Im acc. sing. *uuillen (: irfullen)* I, 1, 45 statt *uuillon.*

2) Im dat. plur. *ârûmen (: bichûmen)* IV, 35, 30 statt *ârûmin* cf. Kelle p. 223. Anm. 8. und Piper zu d. Stelle.

3) Statt *-in* steht auch *-on* im dat. plur. von neutralen *ja*-Stämmen:

bilidon (: redinôn) IV, 1, 15.
gouuon (: scouuôn) I, 13, 4. *(: inouuôn)* III, 14, 75.
heimingon (: thingon) II, 14, 1.

4) Neben dem dat. plur. *hanton,* der 19 Mal im Reime und 4 Mal ausserhalb desselben begegnet (Kelle p. 207 ist V, 17, 24 wohl Dittographie von IV, 17, 24 [20]; auch II, 10, 38 ist Druckfehler statt IV, 20, 38), findet sich einmal *hentin (: gibentin)* I, 11, 61.

In *hanton* zeigt sich noch ein Rest der alten *u*-declin., während in *hentin* (wie auch in den übrigen Casus) sich schon der Uebergang in die *i*-declin. vollzogen hat.

Wenn aber von *magad,* das schon ursprünglich den *i*-Stamm zeigt, der dat. plur. *uuoroltmagadon (: uuîbon)* I, 6, 7 erscheint, so ist dieser lediglich auf das Bedürfniss des Reimes zurückzuführen.

5) *-un* statt *-on* im dat. plur. bei:

stuntûn (: uuurtun) I, 15, 22; *(: uuuntun)* V, 10, 31, aber nur in *V.*

forahtûn (durch Correctur aus *forahton VP*) *(: uuorahtun)* V, 20, 8; und bei *gâhûn (: gisâhun)* V, 16, 14.

6) Umgekehrt findet sich *-on* statt *-un*:

a) im acc. sing. sv. fem.: *uuintuuanton (: hanton)* I, 27, 63.

nardon (: uuerdon) IV, 2, 15.
gâhôn (: mânon) V, 17, 25 *VP.*
sorgon (: follon) V, 23, 216.
ruachon (: buachon) H. 40 cf. § 7. 2.

b) im acc. plur. sv. fem.:

gimachon (: machôn) I, 14, 24.

skrannon (: koufmannon) II, 11. 17.
gerton (: hanton) F. (gertun VPD.) IV, 3, 21.
(acc. plur. *undon* III. 8, 13 *VP* scheint durch das *in thên undôn* im vorhergehenden Verse veranlasst zu sein.)
c) im acc. plur. neutr. *ougon (: scouuôn)* III, 21, 6 *VP.*

§ 13.

ABFALL ODER VERSTÜMMELUNG DER ENDUNG BEIM SUBSTANTIV.

1) *-i* des dat. sing. ist abgefallen in *akus (: sus)* I, 23, 63 und in
leidunt (: ubarlût) IV. 24, 26.

2) Abfall von *-e* ist nicht, wie Kelle p. 134 meint, anzunehmen

H. 6 drúhtîn, mih giléiti . . . . .
in hímilrîches frîthof (: drof);

denn *frîthof* ist nicht der dat., sondern der acc., der hier sogar stehen muss; denn *in* steht c. acc., wenn ein Erreichen des Gegenstandes durch die Bewegung ausgedrückt werden soll, z. B. II, 4, 2 *gileitit uuard thô druhtîn krist . . . in steti filu uuuaste.*

Eben so wenig bei *in sambazdag* III. 16. 34. 37. 47. weil Otfrid bei Zeitbestimmungen *in* sowohl c. acc., als c. dat. braucht ohne Unterschied der Bedeutung z. B. III. 16, 44 *einan man in then dag deta heilan;* und I. 15. 35 *in themo thritten dage irstentit.* (Erdmann II, § 167 ff.)

3) Kelle p. 213: „Uebereinstimmend in den Handschriften steht III, 11, 17 im Reime auf *thult : thia stunt,* IV, 3, 8 im Reime auf *giuuurt : andera stunt* und V, 15. 23 des Metrums wegen *thrittun stunt.*"

Bei den zwei letzten Ausdrücken ist gar nicht an einen Einfluss des Reimes oder des Metrums zu denken, da auch Tatian die verkürzte Form *stunt* braucht zur Bildung von Zahladverbien (aber auch nur hierzu), z. B. 182, 1 *andera stunt* = *secundo* (= O. IV, 3, 8); 238, 3 *thrittun stunt* = *tertio* (= O. V. 15. 23).

Eher noch könnte man also einen Einfluss des Metrums annehmen in

I, 5, 2 mãnôdo after rîme
thrîa stuntâ zuēne;

denn *thria stuntâ* (= *ter*) wäre *thriio stunt* bei Tat. z. B. 161, 4.

Anders verhält es sich jedoch mit der von Kelle a. O. zuerst angeführten Stelle, mit III, 11, 17; hier ist die verkürzte Form *stunt* nicht zur Bildung von Zahladverbien verwendet:

hábêta siu ouh in thia stúnt (= in thia uuîla)
filu mîhila thult.

Eine ähnliche Verstümmelung (sonst im Ahd. nicht selten s. Grimm, Gramm. III, 154) findet sich bei Otfrid nur noch *in thesa uuîs* (: *sîs*) II, 4, 39. (: *gizamlîh*) II, 4, 72 statt *in thesa uuîsûn* (z. B. H. 48. II. 4, 28 u. ö.) und *in giuuis* (: *biruuuis*) II, 7, 18 statt *in giuuissî* (nur im Reime, aber 13 Mal) s. Kelle p. 226 (wo V, 6, 59 fehlt).

4) H. 2 (*oba ih iáuuiht* . . . . .)

gikrúmptî théro rédino,
thero quît thèr êuuangélio

ist *redino* gen. plur. verkürzt aus *redinôno*, welches nicht in den Vers passte. cf. Pip. z. d. St. Kelle p. 209. 214. (227). Selbst den Artikel *thero* als gen. sing. zu fassen, ist sehr bedenklich, da bei Otfrid wohl *thera* und *theru* mit einander vermengt werden, aber *thero* als unzweifelhafter gen. sing. nur III, 7, 72 *thero gouma* in *V* erscheint.

Eben so ist sicher verkürzter gen. plur. *âleibo* III, 6, 55:

ioh uuárd thero ãléibò,
thero físgo ioh theru léibo —
sibun kórbi ubar tház.

Ferner redino L. 22 sô uuas er ió thero rédino
mit gótes kreftin óboro; und

resto I, 28, 18 mit sînên unsih fásto
frćuuên thero résto.[1]

[1] Ebenfalls des Metrums wegen ist das praet. von râmên syncopirt: IV, 17, 3:

ih uuéiz, er thes ouh fãrta,
thes hóubites râmta.

Und je nach metrischer Bequemlichkeit gebraucht Otfrid fârêta oder fârta, hogêta oder hogta; s. Kelle p. 75, 4. — Verlängert dagegen ist

Nachdem Kelle p. 209 *redino*, *aleibo* und *resto* als gen. sing. erklärt hat, fährt er so fort: „IV, 18, 6 begegnet *duro [thaz uuīb, thaz thero dúro sah]*, das gleichfalls als gen. sing. aufgefasst werden kann. Da aber Otfrid die Schwächungen *u* und *o* nur da gebraucht, wo ihn Reim oder Akrostichon nöthigten, ein solcher äusserer Grund aber hier für *o* nicht vorliegt, so kann *duro* besser als gen. plur. statt *durôno* aufgefasst werden, welche Annahme namentlich dadurch begünstigt wird, dass Otfrid *dura* überhaupt im Plural gebraucht, und dass die unmittelbar vorhergehende Zeile *zi einên durôn* ausweist. Lag aber hier kein äusserer Grund vor, *a* in *o* übergehen zu lassen, so war dagegen im Metrum ein äusserer Grund, das sonst bei Otfrid nirgends fehlende euphonische *n* auszustossen und verkürzt *duro* zu setzen“. Den metrischen Grund der Verkürzung vermag ich nicht einzusehen; denn bekanntlich kann (wie im archaischen Latein) eine kurze Silbe mit einer nachfolgenden langen verschleift werden und so die Geltung von einer Länge bekommen, so dass also das dreisilbige *dŭrōno* als — gilt und folglich eben so gut in den Vers passt, als *duro*.

Aus diesem *duro* und dem dat. plur. *durôn* folgert Kelle ein st. fem. *dura*: da entscheidende Belege fehlen, so kann es nicht endgültig entschieden werden. Doch ist *dura* höchst wahrscheinlich als sv. fem. anzusetzen entsprechend dem got. sv. fem. *dauro* (das nur im plur. vorkommt).

Neben *durôn, duro* begegnet bei Otfrid nur noch der nom. plur. *thio duri* III, 12, 39. Das angels. *duru* erlaubt es, für diesen plur. *duri* einen *i*-Stamm anzusetzen, wozu dann *duro* IV, 18, 6 ein eben so richtiger gen. ist, als 'g. pl. *turio, ostii,* gl. K. *tureo ango, cardo* R', Graff V, 445.

---

aus demselben Grunde die vorletzte Silbe in uuolkono I, 5, 6. Doch macht es der dat. plur. uuolkôn I, 15, 38 [neben uuolkonon IV, 7, 40. 19, 54.] wahrscheinlich, dass uuolkôno I, 5, 6 [V, 17, 40 ist es zwar möglich, aber nicht nothwendig, uuolkôno zu schreiben] zu einem sonst unbelegten sv. masc. oder fem. uuolka zu stellen ist. cf. Kelle p. 164.

§ 14.

UUORTO, UUORTON, UUORTE.

1) Nach den Auseinandersetzungen von Erdmann II, § 256 kann es nicht zweifelhaft sein, dass Otfrid die Regel beobachtete, den Instrumental *-u* (*-o* s. MSDenkm.[2] p. 320) nie mit dem Artikel oder einem Attribut zu verbinden, und bei *mit* und blossem Substantivum stets den Instrumental zu gebrauchen (*mit gotes scirmu* L. 20 ist die einzige Ausnahme) z. B. *mit drôstu* I, 10, 25, dagegen *mit themo drôste* I, 2, 55; *mit scazzu* IV, 37, 26, dagegen *mit themo guate* I, 2, 56 u. s. w.[1]

Darnach erwartet man auch IV, 30, 4, wo es heisst:

thâr stúantun thô ginúage
inki hábêtun nan zi húahe,
zi bísmere hárto
mit íro selben uuórto —

mit iro selben uuorte.

S. 18 steht auch wirklich *mit sînes selbes uuorte* (freilich : *firgelte*).

Ferner V, 6, 13 pĕtrus ther alto
in thes giscrîbes uuorto
bizeinit héi linan thiot

in thes giscrîbes uuorte;

cf. I, 5, 68 thû uuāri in ira uuórte
zi follemo ántuurte.

Ebenso II, 23, 7 uuártêt iú io harto
fon dríagero uuorto,
fon fórasagon luggên.

Doch in Hinsicht auf folgende Stellen:

II, 24, 10 *er heilta . . . . mit sînên uuorton.*

V, 2, 2 *mit kristes selben uuorton* (allerdings : *fîanton).*

II, 9, 86 *hôntun nan mit iro sceltuuorton (: hertôn).* —

II, 5, 23 *in selbên uuorton er . . . giuuan* —

und mit Rücksicht darauf, dass „bei *fona* sonst nie die Form *-u* steht“, kann man eben so gut annehmen, dass II, 23, 7.

---

[1] 'Ausnahmen sind nur vereinzelt und durch den Reim hervorgerufen: H. 100 mit nîde: druhtîne. V, 23, 210 mit guate : in muate. IV, 29, 6 mit ebine : untaruuebane, 14 richtig -u'.

IV, 30, 4. V, 6, 13 *uuorto* der dat. plur. sei, von dem das *-n* des Reimes wegen abgefallen wäre.

2) Ob bei einem verbum dicendi *uuorto*[1] oder *uuorton* steht, entscheidet allein die Bequemlichkeit oder das Bedürfniss des Verses oder Reimes. Bei *uuorton* steht gerne ein dazu gehörendes Adjectiv im Reime.

z. B. IV, 13, 12 sprah ímo thero uuórto
in múat thô filu hárto.
I, 27, 36 sprâchun sie auur slíumo
ioh thrâto ín giriuno
gãhêro uuórto
frãgêtun nan harto.
IV, 1, 17 er zált iz in ouh hárto
ófonôro uuorto.
II, 23, 1 nu lẽr ih íúih hárto
kúrzêro uuorto.
II, 10, 17 sie lóbônt inan hárto
frõnisgêro uuorto. u. ö.
Dagegen I, 23, 36 (er sprah) zi líutin filu mánegên
ioh uuórton filu hébigên.
II, 8, 16 sprah Scônên uuórton ubaral,
sô sun zi múater scal.
III, 24, 108 bigondun súme iz zellen
thên furistén ẽuuartôn
zórnlîchên uuórton.
V, 7, 59 gizeli uuórton thînên
thên brúodoron mĩnên.
IV, 15, 43 lẽrt er sie mit uuórton,
uuio thaz firdrágan scoltun.
III, 15, 42 mit uuórton ioh mit muate
lóbôtun nan zi gúate. u. ö.

3) Gegen den sonstigen Sprachgebrauch Otfrids erscheint 5 Mal *mit uuorte* — stets im Reime und nur durch ihn veranlasst. (Ueberhaupt kommt auch *uuorte* bloss im Reime vor.) Ausserhalb des Reimes gebraucht Otfrid nur *mit uuorton*. In den 5 Stellen erregt auch schon an und für sich der Singular Anstoss.

---

[1] Die Form uuorto kommt 79 Mal im Reime und nur zweimal (I, 18, 5. IV, 1, 36) ausserhalb des Reimes vor. Bei Kelle p. 164 s. uuorto fehlt S. 12. V, 25, 9. Verdruckt ist I, 21, 15 statt I, 15, 21. — II, 2, 4 statt II, 1, 4. — II, 3, 33 statt II, 2, 33. — II, 11, 58 statt II 12, 58. — V, 14, 3 statt IV, 14, 3.

II, 10, 18 (si lóbônt inan harto
frõnisgêro uuorto)
ioh thánkônt es mit uuórte
kríste themo uuírte.

Ausserhalb des Reimes III, 24, 91 *thir thankôn mit uuorton* . . .

I, 18, 6 ni mág ih thoh mit uuórte
thes lóbes queman zi énte.
V, 23, 225 nie móht ih thoh mit uuórte
thes lóbes queman zi énte.

Völlig überflüssig steht *mit uuorte*

IV, 16, 45 gãbun sie mit uuórte
thaz selba zi ántuurte; und
II, 14, 74 (si nam gouma hárto
thero drúhtînes uuorto)
ioh kẽrta thô mit uuórte
zi díafemo ántuurte.

cf. I, 27, 26 *thô gab er zi antuurte thaz* . . . . .

Selbst *mit uuorton* habe ich in dieser Weise nie pleonastisch angewendet gefunden — wenigstens nie ausserhalb des Reimes.

§ 15.

FATER. MAN.

1) Für Otfrid (nicht z. B. für Tatian) ist ungewöhnlich nom. plur. *altfatera (: kuninga)* I, 3, 25. und dat. sing. in dem V. *fátere gibóronan* I, 5, 26, s. Kelle p. 258.

2) Der bei Tatian nie vorkommende gen. sing. *man* kommt auch bei Otfrid nur vor

II, 18, 21 yrhúgis thâr thoh éines man,
ther thir sĩ irbolgan;

und wahrscheinlich V, 21, 11:

ther háftes mán ni uuĩsõt;

denn bei Otfrid steht *uuîsôn* c. gen. cf. I, 21, 6. III, 23, 27. V, 20, 78. Aber weil es Tat. 4, 18 heisst: *in thên uuîsôta unsih ûfgang fon hôhî* [got. *in þammei gaveisoþ unsara urruns us hauhiþai,* also c. gen.], könnte man allenfalls auch für O. I, 10, 4 *ther unsih irlôsta ioh selbo uuîsôta* und V,

21, 11, *uuîsôn* als c. acc. construirt betrachten. [Zu I, 10, 4 vergl. Piper zu IV, 2, 4].

3) Der dat. sing. heisst bei Otfrid je nach Bedürfniss *man* oder *manne* (auch bei Tatian neben einander s. 158, 6 und 57, 6) z. B.

II, 4, 11 *in themo êristen man : giuuan.*

II, 5, 11 *zi themo andremo man : giuuan.*

III, 24, 64 *zi themo lioben man : bidolban.* u. ö.,

aber, mit Ausnahme von II, 6, 3 *thô drúhtîn themo mán luag,* stets im Reime. Bei weitem häufiger ist *manne*; s. Kelle p. 135.

4) Der gen. und dat. sing. *mannes* und *manne* werden im Reime auch collectivisch gebraucht, z. B.

III, 4, 8 (porzicha finfi)
thie lâgun fól al mannes
síeches inti hammes.

III, 6, 4 fon thēn gab follon múases
finf thūsonton mannes.

Häufiger der dat. V, 7, 28 *untar manne (: giuuinne).*

I, 21, 16 *mit manne (: thanne).*

I, 23, 31 *zi manne (: uuanne).*

III, 7, 64 *in manne (:thorrênne).* u. ö.

Ob der sing. oder der plur. steht, hängt blos vom Bedürfniss des Reimes ab; vergl. z. B. V, 7, 28 und I, 16, 23: *untar mannon (: thornon).*

§ 16.

-IU STATT -U.

Der nom. sing. fem. st. adj. zeigt zuweilen *-iu* statt *-u*: *giboraniu (: thiu)* I, 5, 65; *(: scônu P, scôniu VF)* I, 12, 16.

Ausserhalb des Reimes steht I, 23, 14 *elliu VP, ellu FD,* obgleich *F* sonst statt des in *VP* mit Ausnahme dieser Stelle allein vorkommenden *ellu*, öfter *elliu* zeigt z. B. IV, 13, 10. V, 9, 18.

I, 5, 70 *garauuiu (: thiu) P, garauuu* (Rasur von *i*) *V, garauui F.*

I, 4, 29 *berantiu (: thînu) P, berantu VF.*

§ 17.

FLEXIONSLOSES ADJECTIV.

Das flexionslose Adjectiv neben einem Masculinum ohne pronominalen Zusatz steht bei Otfrid nur

II, 9, 32 drúhtîn kôs imo einan uuíni ....
mán filu mãri;
thaz ér sîn drũt uuâri;

offenbar nur des Reimes wegen; s. Piper und Kelle p. 301.

§ 18.

AUFFALLENDE ST. ODER SV. FORM DES ADJECTIVS.

1) Beim Vocativ steht das schwache oder flexionslose Adjectiv, nur

I, 22, 46 mîn múat mir sô irfáltôs,
mîn sún guatêr!
thera éinîgûn múater?

steht die starke Form.[1]

2) Die schwache Form steht auffallend in

II, 23, 24 mit sêren mánagfaltôn
ioh léidlîchên uuorton,

statt *managfaltên*. cf. Erdmann II, § 278.

§ 19.

ADVERBIUM STATT ADJECTIV.

1) *gân* steht mit Adjectiv (cf. II, 22, 21 *thaz thu nakot ni geist*) oder adject. Particip (cf. V, 10, 27 *uuio er giang kôsônti mit in*) — nur einmal steht dafür im Reime eine adverbiale Form auf *-o*:

V, 9, 14 ir íuerêro uuórto
gêt sus drũrênto.

faran hat ebenfalls nur einmal eine adverbiale Form auf *-o* bei sich:

IV, 12, 53 ér fuar îlônto
zi fúristen thero líuto.

---

[1] Dieser Fall auch sehr häufig im Mhd. s. Gramm. 4, 487.

2) I, 1, 84:

sie lērtun sie iz mit suérton,
náles mit thên uuórton,
mit spéron filu uuásso; (: sô),

erwartet man *filu uuassên;* wenigstens kann das Adverb nur sehr gezwungen erklärt werden. (cf. I, 15, 45).

Eben so verhält es sich mit

scôno IV, 2, 18 mit iru fáhse sie gisuarb
thie selben fúazi frôno,
mit lócon iro scôno; und
hôho III, 6, 12 giang mit in thô thánana
in einan bérg hôho (: scôno).

3) Ganz sicher ist das Adverb nur aus Reimnoth gesetzt:

IV, 35, 35 légita nan thô ther éino
in sînaz gráb reino.
I, 5, 72 (ságata er in frōno)
thaz ārunti scōno.
V, 25, 64 finthit er thâr úbilo (statt neutr.) (: grubilo).

4) Umgekehrt steht I, 1, 102:

ioh zíuhit er se réine (: heime)

das Adjectiv statt des Adverbs, welches sonst bei *ziahan* steht, z. B. I, 8, 7:

er sia ērlîcho zōh.

§ 20.

UNGEWÖHNLICHE FORM EINIGER ADVERBIEN.

1) Statt *thâr* gebraucht Otfrid ausnahmsweise und, abgesehen von V, 13, 34 V (nicht P), *thâre* nur wo der Reim es verlangt. Die zahlreichen Stellen s. Kelle p. 391.

2) Ebenso nur im Reime *hiare* (statt *hiar*) s. Kelle p. 395 und *sâre* (statt *sâr*), s. Kelle p. 406.

3) Einmal begegnet *nidiri (: diurî)* II, 14, 83, statt *nidar,* s. Kelle p. 399.

4) Umgekehrt steht statt *forna,* welches bei Otfrid sehr häufig ist, das verkürzte *forn (: zorn)* III, 18, 72. IV, 17, 25; *(: fol)* H. 126 s. Kelle p. 400.

5) II, 9, 43 findet sich alleinstehendes *mit (:niuuiht)*, während IV, 2, 23 ausserhalb des Reimes *miti* steht.

6) Statt des gewöhnlichen *ubar* begegnet zweimal *ubari (:âbulgi)* II, 13, 38; *(:bilidi)* IV, 5, 33 VP [*uberi* F] und einmal *ubiri (:ubili)* V, 23, 75.

7) Und statt des gewöhnlichen *uuidar* erscheint *uuidari (:ungiuuitiri)* III, 8, 10; *(:redii)* III, 19, 4; *(:solâri)* IV, 21, 1; und einmal *uuidiri (:nidirî)* H. 155. s. Kelle p. 415.

§ 21.

UNREGELMÄSSIGKEIT BEIM PARTICIP PRÄTERITI DER SCHWACHEN CONJUGATION.

1) III, 22, 51

> nu thie zi góte sint ginant,
> thie bũent hiar thiz uuóroltlant

erwartet man statt *ginant* entweder *ginennit* oder die flectirte Form *(ginante)*.

2) *gizalt* (st. *gezelit*): *halt* III, 22, 19; :*hant* IV, 33, 26; :*managfalt* V, 1, 13; :*ubaruuant* V, 10, 12.

3) *biknât* (st. *biknâit*): *rât* II, 6, 47.

4) Hier sei auch erwähnt I, 11, 23:

> ein búrg ist thâr in lánte,
> thâr uuãrun íó ginánte
> hũs inti uuénti
> zi édilingo henti.

An dieser Stelle erwartet man statt *ginante* entweder *ginennit* oder eine Form des flectirten Neutrums. Erdmann's Erklärung II, § 61 befriedigt mich nicht.

§ 22.

FALSCHE CONSTRUCTION BEIM PARTICIPIUM PRÄSENTIS.

Die Flexionsendung des Part. Präs. richtet sich an vier Stellen des Reimes wegen nach dem Objecte statt nach dem Subjecte:

> I, 2, 5 thaz ih lób thînaz
> sî lũdentaz.

I, 4, 6 (uuărun siu bĕdiu
gote fi̥lu drŭdiu)
ioh íógiuuâr sĭnaz
gibot fúllentaz,
7 uuízzôt sĭnan
íó uuírkendan.
I, 4, 62 thi er héra in uuorolt séntit,
thann er kráft uuírkit
ioh uuérk filu hébîgu
ist iru kúndentu.

§. 23.

VERMISCHUNG ZWEIER CONSTRUCTIONEN.

„In den Verbindungen *in heilên hant* IV, 24, 6 und *in allên anahalba* III, 14, 26 finde ich nicht mit Kelle II, 213 Verstümmelung der Pluralformen der Substantiva, sondern Uebergang aus einer im Adj. begonnenen Construction (*in* mit Dat. Plur.) in eine andere, Otfrid in adverbialen Bestimmungen solcher Art gleichfalls geläufige (*in* mit Acc. Sing.), die eine dem Reime angemessene Form des Subst. darbot. Allerdings muss diese Vermischung als eine Nachlässigkeit der Construction bezeichnet werden, die der Schreiber von P an der ersten Stelle auch corrigiert hat: *in heila hant.* III, 15, 48 ist in ähnlicher Weise in einer adverbialen Bestimmung der Dat.-Instr. des Subst. mit dem Gen. des Adj. vermischt: *ni sprâchun . . . uuorton offonôro (: Judeôno)*; jeder von beiden Casus war Otfrid für diese Wendung geläufig". [s. § 14. 2.] Erdmann II, § 2. Anm. 1. (Vgl. auch Piper zu V, 13, 19).

Ebenso V, 3, 12 sâr íó thía uuarba,
in allan ánahalba,

(wo *allan* wegen der neun *a* im Verse sich leicht einschleichen konnte) und III, 17, 4, wo an eine Verstümmelung der Endung nicht gedacht werden kann:

(lêrta se) scōnêro uuorto
ioh mánagfaltên harto;

hier passte der gen. plur. *managfalton* (oder *-un*) ebenso gut in den Vers.

Ein ähnlicher Wechsel findet statt:

III, 17, 5—6 zi then hē̆rôstôn allên
so sprach er uuórton follên,
scō̆nêra brediga;
hôrt ál ther liut thia rédia.

Unentschieden muss es bleiben, ob dieselbe Vermischung vorliegt in

II, 4, 95 thâr ist gibotan hárto
sélben gótes uuorto,

weil *selben* eben so gut als gen. sing. zu *gotes*, wie als dat. plur. zu *uuorto* gehören kann.

§ 24.

UNREGELMÄSSIGKEIT IM GEBRAUCHE DER CASUS.

1) *unz* c. dat. steht nur, wo Reim und Akrostichon zu berücksichtigen war: H. 90 *unz themo fiarzegusten iâre (: uuâre).*

2) Für *uuidar* c. dat. bei Otfrid bringt Erd. II, § 249 10 Belege bei. Ohne Unterschied der Bedeutung steht 4mal der Accus.:

I, 12, 2 *uuidar fîanta (: uuarta).*

II, 23, 3 *uuidar manno nihein (: ein).*

III, 16, 48 *uuidar mih (: samalîh).*

Freilich IV, 11, 47 auch ausserhalb des Reimes *uuidar thie.*

3) *ginâdôn* steht c. dat.; doch findet sich beim Imperativ das persönliche Pronomen je nach Bequemlichkeit entweder im Gen.: *ginâdo mîn: druhtîn* I, 2, 25; *: thîn* III, 2, 19. 17, 59. IV, 31, 36. cf. II, 6, 46 *ginâdôtî* (conditional) *sîn: sîn;* oder im Dat.: *ginâdo, druhtîn, mir: thir* III, 10, 9; *ginâdo selbo thu thoh thir: furdir* III, 13, 13.

4) *intfliahan* steht sonst zwar c. dat.:

I, 21, 14 *thên fîanton*; I, 23, 38 *themo gotes urdeile*; V, 14, 23 *imo* (sc. *Pêtruse*); doch hat der Acc. H. 62 *er eino ther intflôh thaz (: uuas)* sc. dem *irdrinkan,* nichts Auffallendes; höchstens könnte man *iz* für *thaz* erwarten. s. Erdmann II, § 106. § 261. § 282.

5) *biuuankôn* regiert den Acc.: III, 1, 19. V, 24, 14. I, 23, 41; nur II, 24, 24 steht es c. dat.:

hált unsih in nõtin
fon allên uuídarmuatîn,
thaz múazîn uuir biuuankôn
thên ábahên githankon.

cf. jedoch Erdmann II, § 139. § 245.

6) 'Der Gen. Plur. bei *eigan* ohne eine massbestimmende Partikel IV, 2, 33:

mit íú éigit in ginúhto
íó ármêro uuihto

ist ganz vereinzelt; Otfrid dachte wohl den Gen. *uuihto* von *ginuht* abhängig, setzte dann aber dieses selbst auch in den dem Reime entsprechenden Gen. Plur., der nur adverbial = 'in Genüge, in reichlichem Masse' erklärt werden kann.' Erdmann II, § 208.

7) Auffallend ist der Dat. *themo lîbe* in

IV, 11, 5 krist mínnôta thie sîne
unz in énti themo lîbe,
6 thi er zi zúhti zi imo nam ....

Treffend bemerkt Piper hierzu:

'Zu dem Ausdruck *unz in enti themo lîbe* verlangt man den Sinn: bis zum Ende seines Lebens. Erdmann [II, § 258] vermuthet, die Praep. *in* sei ausgelassen, weil sie kurz vorhergehe (vergl. jedoch *zi* in v. 6), und erklärt *themo lîbe* als temporalen Dativ. Dieses Beispiel des temporalen Dativs ist jedenfalls auffällig und den sonstigen temporalen Dativen bei O. unähnlich. Es ist vielmehr possessiver Dativ. Die ungewöhnliche Form ist durch den Reim veranlasst und steht statt eines Genetiv.' cf. Notk. Ps. 37, 7 *unz an daz ende mînes lîbes.* — Es findet sich zwar auch sonst (mhd. nhd.) zuweilen ein Dativ von einem Substantiv abhängig, doch nur von solchen Substantiven, in denen ein verbaler oder adjectivischer Begriff lebendig ist; z. B. *ein vorlouf allen swelhen, Wînsw.* 461, 21. *dû widerstrîte* (*ἀντίμαχος*) *vîendes râte, boeser ger,* Ben. 111. s. Grimm Gramm. IV, 746 (Edit. 1837.) — 'Also ward weder der Ackerbaw versaumpt, weder nachreisung den kriegen unterlassen', Aventin 24[b]. s. Gramm. d. d. Sprache des 15—17. Jhrhdts. v. Jos. Kehrein. § 219.

Bei Otfrid hat vielleicht das namentlich im Mhd. so

häufig belegte *ende geben* c. dat. eingewirkt — in erster Linie aber natürlich das Bedürfniss des Reimes.

§ 25.

PLURAL STATT SINGULAR UND UMGEKEHRT.

a. Plur. statt Sing.:

1) II, 3, 12

maht lésan, uuio iz uuurti....
thaz éngil mit giuuúrtin
iz kúndta sâr thên hírtin;

mit Ausnahme dieser einzigen Stelle findet sich stets der Singular *mit giuuurti* I, 19, 13. 22, 38. 27, 32. 39. III, 2, 30. 7, 75. 14, 21. 18, 62. 20, 109. IV, 5, 51. 15, 18. 29, 16. V, 15, 15. 22, 16. 24, 21; ausserdem begegnet noch 4mal *giuuurti* mit einem Adjectiv verbunden: aber an allen diesen (19) Stellen steht *giuuurti* im Reime — und nur seinetwegen.

2) II, 6, 51

then gáb er âna uuánka
bi únsih múadun scalka;

nur hier steht der Plural *âna uuanka* statt des sonst in dieser Redensart allein gebräuchlichen Sing. *âna uuank* — der 18mal vorkommt und zwar auch nur im Reime: cf. Kelle p. 140. Anm. 1.

3) Nur einmal gebraucht Otfrid den Plur. von *lôn:* II, 16, 27 *zi lônon: scônon.*

b. Sing. statt Plur. steht

1) *in êuuu (:sêlu)* I, 5, 44, weil Otfrid sonst stets den Plur. *in êuuôn* gebraucht s. § 7. 12.

2) *uuorto ioh uuerkes (:unthankes)* IV, 1, 36.

§ 26.

UMSCHREIBUNGEN DES VERBUM FINITUM.

1) Die Umschreibung des Präsens und besonders des Präteritums durch das Particip und die entsprechende Form von *uuesan* ist sehr bequem für den Reim, besonders die unflectirte Form des Participiums auf *-ti.* Ungemein häufig findet sich diese Umschreibung namentlich in lib. I; so z. B. in I, 4 in nicht weniger als 23 Versen von 86, nämlich v. 6.

7. 8. 10. 16. 17. 22. 29. 32. 34. 38. 40. 58. 60. 62. 65. 67. 68. 74. 77. 81. 83. 85. Und zwar steht das Particip in allen diesen Fällen im Reime.

2) Nicht minder bequem für den Reim und die Füllung des Verses ist die Umschreibung des Conj. Präs. und des Conj. Prät. durch Hülfsverba mit Infinitiv, sowohl in selbstständigen, als in abhängigen Sätzen; hierbei steht das Hülfsverb einige Male auffallend im Indicativ.

Einige Beispiele werden genügen; im Uebrigen sei auf Erdmann I, § 67 verwiesen.

a) scal: L. 25 . . .	in nõtlîchên uuérkon; thes scal er góte thankôn, thes thánke ouh sîn gidigini.
S. 6	thaz ir irkíasêt ubarál, oba síú frúma uuesan scal.
b) scolta: I, 4, 12	zĩt uuard thô giréisôt, thaz er gíangi furi gót; ópphorôn er scólta bî die sîno suntâ.
I, 9, 2	thô uuard irfúllit thiu zĩt, thaz sâlîga thiu álta thaz kind thô béran scolta.
c) sculi: III, 12, 8	uuer quédent sie, theih sculi sĩn odo ouh rácha uuese mîn?
d) scolti: III, 15, 38	sie uuârun éiscônti uuâr er uuésan scoltî.
e) mag IV, 26, 24	óba uuir sîn nu thárbên, iâ mag iz got irbarmên.
f) mohta IV, 3, 13	bî híu se thes ni hógêtîn, óba sie thaz gifrúmitîn, thaz er nan móhta, âna uuãn, héizan auur ũfstân, ioh mit théru krefti áuur nan irquictî.
g) megi II, 22, 3	ni thúrfut ir bigínnan, thaz ír ouh megît bríngan.
h) mohti IV, 19, 64	thaz síe nan, so ih thir ráchôn, móhtîn giánabrechôn
i) muazi II, 4, 88	. . . in uuórton ioh in uuérkon; thaz muazîn uuir biuuánkôn.
k) muasi III, 9, 9	sie uuúnsgtun, muasîn rĩnan thoh sînan trãdon einan.

l) uuolle IV, 24, 22 (uuir) uuânen, uuáltan uuolle
ther kéisor ubar alle.
m) uuolti IV, 17, 5 gistuant génêr, uuân ih, thénken,
thaz er uuoltî uuénken.

3) Nur beiläufig seien erwähnt Umschreibungen, wie
H. 118 (in úbili inti in gúatî)
unserêro zúhto dâti.
I, 17, 31 ioh mánnilîches hóubit
(uuárd es thâr gidrúabit).
II, 11, 9 sô thiu sélben kristes kráft
(eina géislum thâr giflát).
II, 14, 50 [vgl. III, 10, 15. IV, 19, 41. 20, 11. 23, 21. 34.]
(gab ántuurti gimúati)
sînes selbes gúatî. u. ä.

§ 27.

PARALLELE ANFÜGUNG ZWEIER SÄTZE.

'Gleicher Modus steht in der grossen Mehrzahl der coordinierten Sätze, indem zwei in gleicher Weise verlaufende Ereignisse auch in gleichem Modus ausgesagt werden, in selbstständigen Sätzen beide im Ind., in abhängiger Rede beide im Conj. Diese parallele Anfügung zweier Sätze in gleichem Modus — durch den Reim, für welchen sie eine wesentliche Grundlage bildet, wiederum begünstigt —, ist bei Otfrid sehr häufig, und sie findet auch in solchen Fällen statt, wo sowohl die lateinischen Quellen als auch die jetzige nhd. Sprache ein bestimmtes Verhältniss der beiden Ereignisse ausdrücken, indem sie das eine als die Folge, Absicht, Begründung u. s. w. des anderen bezeichnen. (§ 131)'. Erdmann I, § 62. cf. § 282. § 285. § 333 *(biginnan)*.

§ 28.

UNGEWÖHNLICHER MODUS.

1) Indicativ statt Conjunctiv:

I, 15, 18 *êr thu uuorolt uuorahtôs (: garotôs)* cf. IV, 4, 3. 35, 37 etc. s. Erdmann I, § 211.

S. 6 *(irkiasêt . . .) oba siu fruma uuesan scal (: ubaral)* s. Erdmann I, § 326.

II, 3 49 *sprah . . . theiz sun sîn einigo uuas (: thaz)* cf. V, 13, 24. III, 12, 17. 17, 34. s. Erdmann I, § 320.

Und wohl auch IV, 3, 1 *gihôrta . . . thaz druhtîn krist tharaqueman uuas (: thaz)* s. Erdmann I, § 314.

2) Conjunctiv statt Indicativ:

IV, 6, 11: v. 7 (maht lesan . . .) uuio thie scálka sih irhúabun . . .
v. 11 uuio óuh thio méindâti
nihein nirbármêtî,
v. 12 . . . . . sie uuiht nirégisôta.

Ebenso unmotivirt tritt plötzlich der Conjunctiv ein IV, 12, 63. 64. In v. 61. 62 steht der Indicativ, in v. 63 aber der Conjunctiv, um einen Reim auf *uuorolti* zu gewinnen, in v. 64 ist dann der Conjunctiv beibehalten. Ferner

II, 6, 39 *uuaz er, lêuues, uuunni! (: uuunnî)* cf. II, 6, 24. IV, 22, 18: *uuaz uuan der uuênogo man;* s. Erdmann I, § 42. § 125. — Piper z. d. St. – Behaghel: 'Zeitfolge der abh. Rede' p. 25. An letzterer Stelle s. auch

I, 11, 39 *gikustî (: brusti).*

II, 14, 97 *sagêtî (: habêtî).*

IV, 28, 3 *uuâri (: fîari)* und

IV, 3, 13 *hogêtîn (: gifrumitîn)* cf. Piper. — Erdmann I, § 43.

III, 3, 1 *sô ih iz nu firnâmi (: ungizâmi)* s. Erdmann I, § 46. § 58. § 193.

IV, 16, 32 *thô uuânt er . . . ioh thiz bî thiu quâti (: nirknâtî).* s. Erdmann I, § 134. — Piper z. d. St. — Behaghel 'Zeitfolge' p. 23.

II, 1, 30 *gistâttî (: dâti).*

IV, 2, 2 *ginâdôti (: nôti).* —

III, 9, 10 *thaz mêra sie ni bâtîn* und

III, 14, 20 *thaz mêra uuiht ni gerôtî*

nehme ich mit Behaghel: 'Zeitfolge' p. 24 als Absichtssätze.

§ 29.

VERLETZUNG DER CONSECUTIO TEMPORUM.

1) Unrichtig steht das Praeteritum nach Praesens:

I, 1, 22 sie dúent iz filu súazi
ioh mézent sie thie fúazi,

thie léngî ioh thie kúrtî,
theiz gilustlîchaz uuúrti.
I, 1, 115 thaz sie ni uuesên éino
thes selben ãdeilo,
ni man in íro gizungi
kristes lób sungi.
I, 27, 37 thes gidúa thu nu unsih uuĩs,
uuer thoh mánno thu sîs,
thaz uuír iz thên gizáltîn,
thie unsih héra santîn.
II, 13, 27 thie thoh zi thíu gigâhent,
gilóuba sîna intfãhent,
gidúent sie lũtmâri,
thaz er íó drúhtîn uuâri.
III, 6, 17 uuâr múgun uuir nu bigínnan,
mit kóufu brõt giuuinnan,
thaz ther líut gisâzi,
unz er híar nu gâzi?
III, 17, 17 nu zéli uns auur fóllon
hiar then thĩnan uuillon,
thaz thĩnaz girãti,
uuáz iz thésses quâti.

2) Wenn nicht geradezu unrichtig, so doch durchaus ungewöhnlich und vom Reime beeinflusst, steht das Praesens nach Praeteritum:

I, 9, 20 kúndt er imo in dróume,
er thes uuibes uuola góume;
er quád, thes ni thãhtî . . . .
I, 21, 4 quam ímbot imo in dróume,
er thes kíndes uuola góume,
thia múater ouh bibrínge
ziro héiminge.
III, 6, 45 gibõt thô druhtîn sînên,
thaz uuóla sie thes gîlên,
thie líuti thes firuuãsîn,
thie brõsmûn thâr gilãsîn.
IV, 7, 82 gideta ér se fílu rîche,
thaz ín thaz thíonôst lîche.

Für das Praes. nach Praet. IV, 20, 17—19 hat Piper unzweifelhaft die richtige Erklärung gegeben.

Alle diese Stellen hat Behaghel zusammengestellt und erörtert 'Zeitfolge' p. 48 ff.

STELLENREGISTER.

REIMLEXIKON ZU OTFRID.

A.

leiba: tharazua III, 6, 3.
salba: alahalba IV, 2, 19.
gisibba: umberenta I, 5, 59.
uuarba: gilouba III, 6, 19. :anahalba III, 14, 26. V, 3, 12. :erda III, 20, 47. :alahalba V, 20, 37.
onda: konda II, 7, 2.
erda: uuerda II, 17, 1. :uuunna III, 9, 15.
ginada: beitota I, 4, 14
loufa: diafa V, 6, 2
uuelfa: helfa III, 10, 37.
baga: uuaga I, 1, 26. :altmaga I, 3, 2. :fraga I, 27, 18. II, 11, 65. IV, 19, 61. V, 15, 29.
brediga: redia III, 17, 6.
maga: ginada I, 9, 5.
suorga: berga II, 4, 81.
uuiha: hoha I, 5, 27.
lilia: rosa V, 23, 273.
maria: mara I, 6, 1. :habeta I, 7, 1. :bethania III, 23, 10.
githanka: skalka II, 24, 21.
dunicha: diurlicha IV, 29, 1.
gimacha: racha I, 1, 56. IV, 19, 38. 30, 6. :sacha III, 23, 53.
ungimacha: sacha III, 20, 8. IV, 17, 29. :racha IV, 4, 69.
racha: spracha III, 25, 2. :lachan IV, 4, 32.
alla: folla II, 24, 3.
buhila: obana IV, 26, 45.
deila: eina I, 24, 6
duala: ora IV, 17, 23.
fidula: suegala V, 23, 198.
fogala: obana II, 22, 9.
kisila: felisa I, 23, 47.
liuola: scribara I, 20, 23.
regula: brediga I, 1, 42.
sela :sera V, 23, 12. 80. 96. 106 116. 146. 158.
stigilla :unfirslagana II, 4, 9.
uuila :ila I, 22, 28. IV, 13, 6. :duala III, 11, 30. :sela III, 13, 33. :sina IV, 33, 25. :erdbiba V, 4, 21.
zala: fara L. 34. :duala IV, 12, 4.
bouma: gilouba II, 7, 70.
gouma: bouma I, 23, 56. IV, 4, 35. V, 2, 8 :gouma III, 7, 42. :meina III, 18, 53. IV, 27, 1. V, 23, 65. 25, 72. :ungilouba V, 6, 45.
drutthegana: faduma IV, 29, 13.
eina: thiarna II, 3, 8.
forna: bredigota II, 2, 3. :bigonda II, 3, 29. :thorna IV, 25, 6.
corona: hona IV, 23, 8.
quena: zeizero I, 4, 9.
meina: eina III, 14, 19. :niheina I, 20. 20. II, 6, 16. 23, 34. IV, 11, 32. :steina III, 18, 69. IV, 34, 2. :aleiba III, 10, 40.
minna: kuniginna L. 84. :stimna I, 9, 11. :drutinna II, 13, 10.

:heila III, 14, 49. :fuara III, 20, 138. IV, 5, 62. 16, 48. 18, 14. 17. :ginada IV, 1, 47. 5, 21. :hera IV, 12, 32. :uuila IV, 13, 4. :ora IV, 17, 6. :bara IV, 35, 14. :fira V, 4, 7. :gibura V, 4, 40. :fisgara V, 13, 34. :sela V, 23, 213.
felisa :uuisa III, 24, 65.
ahta :slahta I, 23, 49. III, 16, 57. :scalkslahta III, 3, 15.
alta :scolta I, 4, 54. 9, 2. :zalta III, 7, 46. IV, 6, 45.
badota :reinota I, 26, 3.
berahta :intuuorahta IV, 33, 11.
betota :fasteta I, 16, 11. :thigita III, 4, 44. 11, 11. :retita III, 8, 49. :lobota III, 11, 25.
gibeitta :firleitta II, 4, 12.
bibinota :notta IV, 34, 1.
bita :giilta III, 24, 40. :sita IV, 33, 30. V, 11, 21. :ilta V, 7, 56. 65.
brahta :irknata II, 7, 53. :nahta IV, 16, 49
bibrahta :nahta III, 14, 23. IV, 2, 3. :tharanahta IV, 1, 7. :ahta IV, 23, 44. githahta V, 25, 98.
breita :tharaleita IV, 16, 12.
gibreitta :yrougta I, 3, 8.
dihta :drahta I, 1, 18.
dohta :girihta III, 20, 176. :rotta V, 23, 199. :mohta V, 23, 236. 240. 25, 29.
gidotta :redinota III, 26, 54.
irdualta :irfulta V, 4, 12.
duzta :sazta I, 11, 41.
fareta :ruarta III, 14, 45.
farota :gibilodta IV, 16, 30.
farta :ramta IV, 17, 3.
fasta :gilusta II, 4, 45.
fehta :slahta I, 20, 4.
gifiarta :ziarta II, 1, 29. :ruarta III, 14, 24. 25, 5. 19.
forahta :uuorahta H. 43. I, 1, 80. II, 9, 56. III, 14, 60. IV, 19, 48. :korota II, 4, 27. :uuoneta III. 15, 3. :niresigota IV, 6, 12.
freuuita :sparota II, 10, 19.
gifuagta :suahta IV, 29, 30.
fualta :ruarta III, 20, 110.
infualta :ruarta III, 14, 35.
fuarta :guata II, 4, 51. :ruarta V, 8, 23.
intfuarta :biruarta II, 6, 37. :fualta IV, 31, 34.
thanafuarta :gihorta III, 4, 30. :biruarta III, 9, 11. :ruarta III, 14, 10.
tharafuarta :huatta I, 13, 11.
gifundta :kundta V, 8, 45.
furista :liobosta II, 11, 45. :gionsta III, 22, 29.
garota :missiuuorahta I, 3, 49. :yrscutita III, 4, 12. :uuorahta V, 23, 26.
gruazta :buazta V, 15, 23.
guata :tharafurta I, 15, 11. :gihorta III, 24, 5. :thionota IV, 2, 9. :suanta IV, 29, 15. :gifuagta IV, 29, 51. :scouuota IV, 32, 1.
giguatta :giluabta I, 3, 13.
inthabeta :gaganta III, 24, 42.
ninthabeta :klagota III, 24, 58.
harta :irtharta IV, 6, 5.
giharta :iruuarta IV, 17, 2.
heizista :meista II, 14, 10.
hirta :feheuuarta I, 13, 1.
holeta :ladota I, 1, 118.
giholota :ladota II, 7, 75. :muatfagota III, 20, 72.
gihorta :thina I, 6, 11. :antota III, 14, 37. :uuernota III, 20, 146. :zorkolota III, 23, 25.
huatta :uabta I, 16, 12.
hugita :gifrumita IV, 8, 26. :zelita IV, 27, 2.
bihugita :gisageta II, 8, 12.
hulta :irfulta II, 7, 3.
giilta :sita IV, 33, 28.
irkanta :ginanta I, 27, 25. :nanta V, 7, 55. 8, 33.

irkrata : biknata IV, 18, 35.
kumta : giilta III, 24, 11.
quatta : thahta I, 11, 40.
giladota : zuiualta S. 4.
tharaladota : habeta II, 8, 8. : giholota II, 8, 43.
lebenta : fageta IV, 26, 36.
lebeta : klebeta II, 9, 37. : habeta V, 11, 42.
legita : nerita I, 11, 57.
leibta : liubta V, 11, 43.
leitta : irdeilta V, 23, 4.
gileitta : gibreitta L. 55.
lerta : bredigota IV, 4, 67. : horta IV, 19, 7.
giliubta : inliuhta III, 20, 146.
irlosta : uuisota I, 10, 4. : uuista I, 3, 12. : drosta H. 87. : gidrosta V, 25, 97.
meinta : bizeinta II, 7, 12. : gizeinta II, 12, 52.
gimeinta : deilta II, 1, 33. IV, 7, 71. : breita II, 2, 18. : heilta III, 4, 37. 14, 54. IV, 2, 1. 26, 12. 15. : gideilta III, 6, 41. : giheilta III, 16, 34. : nidarneigta III, 17, 41. : gisceinta III, 20, 185. 24, 59. : antreita IV, 6, 33. : irdeilta IV, 19, 69. : gizeinta V, 16, 8. : zeinta V, 20, 3.
meista : drosta, V, 10, 10.
mohta : gismakta II, 9, 26. : thanafluhta II, 15, 11. : thrahta IV, 31, 34.
nerita : biuuerita II, 7, 13. : habeta IV, 16, 6. : bismerota IV, 25, 2. : irretita V, 1, 3.
ginuzta : sazta III, 7, 38.
ougta : sougta I, 14, 1. : doufta II, 3, 45.
irougta : sougta IV, 26, 38.
redota : habeta H. 135. : thageta III, 10, 16.
retita : gistreuuita V, 16, 3.
ruahta : suahta III, 14, 79. V, 7, 8.
ruarta : friunta III, 24, 70. : fuarta V, 9, 15. : druta V, 11, 31.
sageta : mahalta I, 8, 1. : giburita H. 83. : irburita I, 11, 25. : legita I, 11, 36. II, 9, 47. : hinana I, 12, 19. : betota I, 15, 10. : githageta II, 3, 34. III, 11, 32. : zelita II, 7, 43. : manota III, 22, 48. : thageta IV, 12, 33. 19, 42. : hogeta IV, 16, 54. : gaganta IV, 18, 33. : irhogeta IV, 36, 6. : gifreuuita V, 4, 4.
gisageta : gaganta II, 7, 10.
sangta : irdrangta II, 3, 54.
sancta : uuankta III, 8, 39.
santa : giuuanta III, 16, 64. : nanta III, 22, 55. : uuanta IV, 14, 1.
sazta : bezista I, 13, 10.
gisidolta : gibadota I, 25, 24.
sitota : machota IV, 6, 16. : ahtota IV, 8, 17. : gisageta IV, 11, 26. : retita IV, 25, 4. : habeta V, 7, 11.
gisitota : badota III, 4, 13.
scameta : redinota III, 11, 21.
scanta : nirkanta II, 2, 20.
scolta : sunta I, 4, 12. : gizalta I, 14, 17. : irfulta I, 16, 26. : uuolta II, 2, 21. III, 15, 4. : gieiscota IV, 3, 20. : zurnta IV, 35, 2.
biscrankta : iruuanta II, 5, 28.
streuuita : darota IV, 12, 62.
gisuazta : buazta I, 23, 16 : gruazta II, 12, 28. III, 13, 49.
insuebita : legita I, 11, 42.
suigeta : githageta IV, 23, 33.
bithahta : uuihta II, 14, 32. : furibrahta IV, 2, 10.
tharathahta : nahta I, 8, 19.
umbithahta : gistatta II, 11, 51.
tharta : bisparta III, 12, 14.
thenita : zelita II, 7, 9. : hareta II, 9, 51. : nerita III, 8, 43.
tholeta : minnota III, 23, 18. : zelita IV, 27, 12.

unthrata : miata III, 14, 100.
githreuuita : gistreuuita I, 1, 89.
thulta : gihangta L.. 41. : uuolta II, 9, 81.
iruuagta : irquicta IV, 2, 6.
uuangta : drankta II, 10, 6. : thingta V, 20, 109.
uuanota : thionota I, 22, 58.
uuanta : anazalta II, 6, 42. : santa III, 20, 14. : tharasanta III, 21, 24. : nirknata V, 7, 45.
niruuanta : firsankta II, 6, 28.
thanauuanta : naudta III, 14, 77.
uuarta : fianta I, 12, 2.
uuatta : fandota I, 11, 43.
uuerita : derita I, 11, 45. : nerita II, 4, 31.
uuesta : liobosta I, 22, 43. : firmista I, 22, 48. : bresta II, 8, 14. : lusta II, 8, 39. : diurista II, 15, 20. : krusta III, 7, 26. : festa III, 11, 1. : rafsta III, 13, 11.
untaruuesta : gilusta II, 14, 92.
uuitua : iralteta I, 16, 14.
uuolta : santa I, 13, 5. : fulta I, 21, 2. : scolta I, 25, 10. 21. III, 4, 6. 6, 20. 25, 35. IV, 1, 8. 4, 40. 11, 10. 29, 43. V, 11, 50. 12, 20. 25. : irfulta I, 25, 13. : gizalta II, 6, 1. : salta II, 9, 77. : gerota III, 3, 10. : filta IV, 22, 17. : nanta V, 8, 42.
uuorahta : biforata IV, 6, 17. : irforahta IV, 33, 14. : garota V, 20, 69.
uuunta : sunta IV, 10, 15. V, 23, 134.
zalta : managfalta H. 54. III, 17, 25. IV, 13, 2. V, 16, 17. 23, 212. : uuolta I, 11, 55. III, 3, 24. 11, 19. IV, 1, 31. : dualta I, 19, 17. II, 7, 34. : irkanta II, 7, 62. 69. 12, 11. : bifalta III, 18, 34. 26, 53. IV, 24, 37. : scolta III, 25, 34. IV, 6, 34. 49. V, 6, 18. 15, 45. 16, 15. : fianta IV, 26, 1. : nanta V, 8, 29. : githulta V, 20, 104.
gizalta : zeigota I, 14, 5. : irdualta I, 17, 3. : dualta II, 3, 16. : uuolta IV, 1, 28.
zameta : habeta V, 5, 5.
zarpta : uuarpta II, 1, 21.
zeinta : meinta II, 11, 43. 56. IV, 11, 40. : irreimta II, 14, 120.
bizeinta : gimeinta IV, 20, 37. : meinta IV, 33, 39.
gizeinta : leitta II, 7, 33.
zelita : firsageta II, 14, 20. : sitota II, 14, 88. : iruuelita III, 22, 8. IV, 12, 6. : uuelita IV, 15, 53. : nagalta IV, 27, 17. : freuuita IV, 33, 7. : sageta V, 9, 52. : zameta V, 13, 12.
gizelita : holota III, 24, 37.
zilota : nidarstareta III, 17, 44.

dua : tharzu III, 7, 2.
gidua : tharzua I, 24, 8.
frua : tharazua S. 39. IV, 37, 29. : tharzua I, 13, 8. II, 24, 13. III, 18, 8. V, 5, 21. 23, 39. 25, 85. : zua I, 12, 25. 19, 3. II, 3, 40. 4, 54. V, 23, 45.
nua : driua IV, 18, 28.
tharazua : dua IV, 13, 14. V, 24, 17.

uueuua : liaba III, 10, 6.

herza : smerza I, 15, 48. 18, 30. 22, 30. II, 16, 12. III, 1, 18. 11, 18. 18, 67. 24, 56. 26, 49. IV, 15, 3. 18, 40. 26, 42. V, 6, 35. 7, 30. 23, 40. 254.
ginoza : straza I, 17, 77. 18, 33. : groza IV, 16, 21. 18, 19. : loza IV, 28, 9.
palinza : drurenta I, 5, 9.
smerza : ubilherza V, 25, 57.
uuiza : scinenta I, 5, 21.

B (P).

gab : umbiuuarb IV, 11, 7. : giuuab IV, 29, 24. : grab V, 4, 30. : firgab V, 12, 60.
irgab : ruagstab IV, 21, 13. : lag V, 4, 24.
nirgab : grab V, 7, 7.
grap : gap S. 30.
grab : lag V, 6, 9.
insuab : irhuab III, 4, 29.
kleib : bileib H. 30.
leip : giscreip II, 9, 78.
bileip : kleip S. 20. H. 98. : giscreip II, 2, 6. IV, 1, 27. : screib III, 17, 43.
uuib : lib. I, 11, 7. 20, 19. II, 14, 84. III, 10, 1. 19. 17, 13. IV, 26, 29. 34, 25. V, 8, 41. 46. 57. 16, 30.
irstarb : uuidaruuarb V, 9, 2.
biuuarb : irstarb III, 26, 60. IV, 37, 8. V, 6, 21. 6, 69. 20, 79. : starb IV, 1, 6. : gisuarb IV, 2, 17. 11, 17.

D.

quad : pad I, 18, 43. 27, 42. : firsprah II, 6, 4. : rad III, 7, 13. : drutscaf IV, 9, 30. : ungimah IV, 22, 33.
giquad : uuard IV, 22, 1.
inquad : heriscaf IV, 4, 56.
pad : straza I, 5, 5. : giquad IV, 4, 13.
leid : meid H. 12. III, 11, 8. 18, 68. : firmeid V, 10, 21. : gisceid V, 22, 8.
firmeid : thanasneid V, 25, 49.
framhald : bald I, 17, 61.
fand : ginand I, 2, 12. : sand II, 4, 16.
bifand : uuard I, 17, 39. 20, 1.
kind : thegankind I, 14, 21. : sind II, 2, 28. : lind II, 7, 36. 19, 19. : thing II, 8, 13.
kund : mund II, 6, 25. 15, 19.
tod : finstri I, 18, 9. : herod I, 21, 1. : oth IV, 19, 35. : od V, 6, 10.
uuizzod : drof III, 16, 23.
uuard : fand S. 44. : tharf I, 17, 5. : bald II, 4, 37. : giuuard III, 6, 44.
uuerd : alles IV, 35, 15.

E.

doube : giloube III, 9, 7.
erbe : uuerbe I, 22, 54. : irsterbe V, 23, 259.
libe : liabe L. 28. : giscribe I, 1, 17. 2, 11. : klibe I, 2, 51. IV, 37, 21. V, 1, 14. 3, 2. 20. : uuibe I, 16, 18. IV, 31, 16. V, 8, 58. : irscribe I, 20, 36. : nide II, 3, 62. : liebe III, 14, 8. IV, 37, 14. V, 20, 45. 23, 188. : libe III, 19, 37. : sine V, 12, 98. : giliebe V, 20, 39. : liobe V, 23, 55. : thine V, 23, 28. 58. 130. 172. 184. 194. 206. 220. 232. 242. 256. 270. 284. 296.
bilibe : scribe I, 24, 10. : giscribe IV, 1, 37.
liebe : giloube V, 23, 211.
loube : figboume II, 7, 64.
umbitherbe : dumbe IV, 5, 15.
biuuerbe : tharbe II, 12, 26. : irsterbe III, 2, 20. : nirsterbe III, 18, 33. : sterbe III, 25, 25.
uuibe : klibe III, 14, 64.
blide : uuibe I, 9, 19. II, 14, 117. : liebe II, 24, 41. : sine II, 11, 55. III, 2, 26. 20, 142. : nide IV, 36, 3.
irfinde : munde II, 4, 50.
kinde : sinne I, 22, 42. : finde V, 20, 41.
leide : gisceide I, 28, 2.
mende : ende V, 2, 5. : finde V, 3, 16.
mide : thanasnide V, 25, 37.
bimide : nide I, 2, 22. II, 18, 16.

:snide I, 23, 58. :blide II, 12, 18. 39.
nide :druhtine H. 100. :umblide III, 18, 26. :lide IV, 33, 20. :bimide V, 3, 19.
sinde :kinde H. 80. :kunde II, 11, 62.
uualde :balde I, 1, 62. :irbalde I, 11, 14.
uuerde :balde I, 9, 39. IV, 5, 49. :firuuerde III, 8, 42. :bifinde III, 13, 14. :giuuerde III, 13, 18. :githarbe IV, 11, 35. :herde V, 20, 28.
helfe :biuuerfe III, 17, 16.
gihelfe :irheffe II, 17, 17. :firuuerfe III, 4, 24.
houfe :ufe II, 1, 22.
loufe :ruafe III, 10, 20. :doufe III, 21, 23.
giloufe :doufe I, 26, 5.
bisoufe :doufe II, 3, 65.
uuipphe :nintslupfe IV, 16, 28.
giberge :abulge I, 23, 40. :berge II, 17, 13.
bige :gige V, 23, 263.
giborge :belge II, 18, 15.
bibringe :biginne I, 11, 50. :heiminge I, 21, 5.
disge :fisge V, 14, 21.
erdringe :irsenge I, 11, 47. :ge II, 17, 12.
fuage :luage II, 12, 94.
gange :sange IV, 5, 2. :oliberge IV, 7, 5. :gifange IV, 23, 5.
gigange :lange I, 18, 31. :irbarme II, 16, 18. :gihenge IV, 11, 30. :felge II, 20, 20.
irgange :thanne V, 21, 10.
gienge :gihenge V, 23, 249.
heiminge :thinge I, 25, 1. II, 15, 2. III, 2, 24.
hugge :rugge V, 25, 99.
iunge :githinge I, 16, 19. :thinge IV, 19, 22.
giligge :ligge III, 23, 56.
ungiloubige :libe I, 4, 43. :alle I, 15, 43.
irluage :tharafuage II, 12, 32.
manage :garauue I, 20, 3. :biladane I, 22, 42. :zisamane II, 15, 6. :kuninge IV, 4, 37.
ginuage :luage II, 11, 23. :uuige IV, 16, 14. :huahe IV, 30, 3. :gifuage V, 12, 68.
sange :hiuuilonne V, 23, 22.
gisige :se I, 11, 12.
singe :ginenne I, 1, 39.
thinge :bringe I, 17, 50. :githuinge II, 14, 38. IV, 7, 39. V, 23, 140. :missigange III, 17, 65. :ringe III, 20, 54. 25, 3. IV, 19, 8. V, 17, 28. 20, 48. 56. :singe IV, 13, 36.
githrenge :gange IV, 4, 57.
githuinge :inne V, 14, 11. :heiminge V, 16, 4. :anaginge V, 20, 98.
uuige :firsuige III, 19, 8.
fahe :irhahe II, 12, 67.
gifahe :hahe IV, 24, 18.
gahe :gifahe I, 18, 32. 23, 8. III, 20, 18. :nahe II, 24, 37. :anafahe V, 7, 24.
alagahe :nahe II, 23, 30.
gigahe :gihohe I, 1, 32.
firlihe :thihe I, 2, 28.
uuihe :thihe I, 26, 12. IV, 37, 16.
redie :zirethine I, 1, 75.
thie :gidue II, 19, 17.
uuerie :firsuerie II, 19, 7. :nerie II, 22, 26. :giburie III, 4, 46. :herie IV, 17, 7.
biuuerie :ginerie IV, 7, 60. :herie IV, 21, 24.
inklenke :giskrenke I, 27, 60.
irreke :nidarscrikke II, 4, 79.
thanke :uuirke V, 25, 18.
githanke :giuuenke IV, 13, 27.
thenke :gitrenke II, 9, 64. :giuuirke III, 16, 30. :uuirke III,

20, 13. :uuenke IV, 15, 52. :thunke IV, 19, 68.
githenke :uuirke III, 15, 24. :biskrenke III, 19, 34.
uuenke :githenke I, 11, 13. :hinke III, 1, 14.
biuuenke :firsenke II, 3, 66.
uuerke :uuirke II, 12, 10. III, 1, 10. :iruuelke III, 7, 67. :folke III, 20, 120.
beche :zibreche I, 5, 58. :gisprecho I, 10, 25. :breche V, 21, 5.
buache :ruache S. 23.
duache :ruache IV, 35, 32.
erdriche :suache I, 3, 33. :intstriche I, 5, 53. :giliche II, 19, 22. :liche IV, 1, 38. :irsieche V, 23, 137.
himilriche :liche I, 2, 43. III, 26, 62. :giliche I, 11, 56. :nirstriche I, 12, 28.
riche :sameliche L. 57. :giliche I, 27, 8. V, 16, 29. 19, 53. :himilriche I, 28, 12. II, 16, 31. V, 23, 70. :bleiche II, 14, 106. :uuuntarliche III, 1, 3. :sumiliche III, 12, 17. :analiche III, 13, 42. :gualliche III, 15, 28. :liche IV, 7, 82. 10, 8. V, 24, 8. :intuuiche V, 2, 11. :kraftliche V, 4, 49. :irsieche V, 23, 250. :bisuikhe V, 23, 260.
sumiliche :riche III, 16, 49. 24, 73. :liche V, 25, 70.
alle :snelle I, 1, 64. :untarfalle I, 1, 79. :folle I, 1, 102. III, 6, 48. 7, 61. 22, 56. V, 25, 53. :barne I, 5, 8. 6, 15. :manne I, 7, 8. 23, 48. :itale I, 7, 18. :sine I, 10, 7. :kastelle I, 13, 3. III, 23, 9. IV, 5, 36. V, 10, 1. :gigange I, 23, 27. :falle I, 24, 2. II, 4, 87. III, 23, 60. 26, 56. IV, 26, 4. 27, 14. V, 20, 25. 57. 21, 26. :gizelle I, 27, 20. :sinne II, 2, 14. :fehtanne II, 3, 55. :thanne II, 4, 74. V, 16, 32. :uuille III, 12, 33. 20, 148. V, 25, 23. :abande III, 14, 55. :thinge III, 24, 54. 25, 5. :zelle III, 26, 63. :tharinne IV, 4, 59. :giuuerre IV, 20, 23.
heile :urdeile I, 23, 38. :reine I, 26, 13. :deile III, 14, 66. :giile IV, 1, 26. :gireine III, 1, 15.
himile :gamane S. 31. :saganne I, 4, 63. :gote I, 5, 3. :ginerie I, 5, 54. :druhtine I, 5, 71. :otmuatige I, 7, 16. :bilide I, 12, 30. II, 19, 20. :singento I, 12, 33. :irbilide II, 3, 10. :uuidire III, 12, 44. :nidare V, 1, 28. :nidere V, 25, 95. 103.
hohsedale :riche I, 7, 15.
uuolle :alle H. 95. I, 1, 123. II, 9, 63. III, 19, 33. IV, 13, 25. 20, 33. 24, 22. 30, 32. V, 12, 53. :fulle I, 2, 50. :gizelle I, 3, 21. III, 18, 4. :uuerde I, 5, 63. :irfulle I, 25, 20. II, 14, 102. IV, 17, 22. :duelle II, 4, 66. :arme II, 16, 1. :nolle II, 17, 14. :irzelle III, 1, 6. V, 23, 127. :fille III, 1, 33. :folge III, 23, 39. :zifalle IV, 7, 48. :iruuelle IV, 15, 33. :felle V, 20, 30.
gizelle :irfulle I, 24, 4.
barme :harme I, 20, 14.
boume :giloube IV, 30, 29. V, 1, 17. 23. 29. 35. 41. 47.
goume :droume I, 8, 20. 21, 4. :houue I, 23, 59.
queme :nirbere II, 12, 31.
rime :zuene I, 5, 2.
ruame :richiduame II, 5, 8. :altduame II, 9, 38. :duame V, 11, 15.
uuoroltruame :duanne III, 14, 86.
beranne :furifarane I, 4, 51.
druhtine :dretanne I, 4, 46. :souge I, 5, 36. :mine I, 7, 5. :sine

I, 10, 20. IV, 34, 10. V, 15, 2. 16. 25, 47. : uuibe III, 10, 3.
ebine : untaruuebene IV, 29, 6.
eine : sine II, 8, 56.
ethesuuanne : folle II, 16, 15. : uuizanne IV, 11, 28.
faranne : koronne IV, 13, 24.
biginne : ringe I, 1, 81. : bibringe II, 12, 9. : githinge II, 12, 69. : erdringe I, 1, 95. : gizelle IV, 1, 25. : henge IV, 4, 11. : thinge V, 19, 4.
grunne : firspyrne I, 23, 30.
inne : kinde I, 11, 44. 23, 4. : singe I, 12, 26. : manne III, 10, 12.
iohanne : sine II, 13, 2.
iouuanne : fehtanne L. 21. : nirgange I, 2, 18. : firspurnē II, 4, 60. : thanne II, 4, 78. IV, 14, 2. : thiononne II, 4, 100. : uuasganne II, 8, 28. : zimboronne II, 11, 37. : ginenne III, 7, 60. : gange III, 9, 3. : tharinne IV, 29, 56.
iuuuanne : drutmanne I, 10, 13.
irkenne : minnonne IV, 13, 9.
klagonne : sagenne V, 7, 23.
kunne : irkenne I, 7, 12. : manne I, 9, 21.
fillorane : giborane I, 23, 37.
firlorane : erborane II, 2, 30. : biladane IV, 5, 11.
manne : bringe I, 5, 49. : falle I, 15, 29. : gange I, 18, 36. III, 14, 33. : uuanne I, 23, 31. II, 1, 44. III, 16, 10. : buenne II, 1, 26. : alle II, 14, 93. : rinanne II, 15, 7. : thorenne III, 7, 64. : steinonne III, 22, 40. : zellenne III, 23, 2. : tharanenne III, 26, 64. : kinde IV, 6, 18. : salbonne V, 4, 14. : giuuinne V, 7, 28. : drinkanne V, 8, 56. : irsterbanne V, 12, 27. : uuizanne V, 17, 5. : nennene V, 17, 33.
gimanne : gisamane H. 167.
manege : firdane I, 23, 7. : gisoribene II, 3, 3.
meine : eine II, 17, 4. : heime II, 21, 7. : gizeine III, 7, 3. : bizeine IV, 5, 3. V, 12, 54.
gimeine : deile II, 13, 32. : bizeine III, 21, 2. : irdeile V, 20, 64.
mine : thine H. 7. : birine I, 25, 6. IV, 11, 24. : sine II, 15, 18.
niheine : heime I, 1, 94. : beine V, 20, 29.
reine : heime I, 1, 102.
rine : sine II, 4, 10. 12, 46.
ruarenne : sehanne V, 12, 37.
sabane : bigrabanne IV, 35, 33.
sagenne : irrekenne V, 14, 4.
zisamane : sehanne I, 9, 7. III, 9, 3. : saganne II, 9, 73. : habanne III, 7, 54. : zirslahanne III, 16, 24. : gamane IV, 22, 20. : sabane V, 6, 57.
seltsane : uuare III, 6, 7. : sare V, 12, 17.
sine : libe L. 77. IV, 11, 5. V, 20, 17. 23, 280. : birine I, 27, 58. : lantse III, 6, 5. : uuibe III, 10, 18. : blide IV, 7, 79. V, 23, 181. : zuene V, 8, 11. : zuiuiline V, 11, 34. : uuoroltlibe V, 12, 93. : mine V, 20, 68. 25, 24. 54. : nirzihe V, 23, 50. : scine V, 25, 39.
scine : rine I, 27, 66. : uuine II, 10, 4. 10. : thine V, 2, 17.
scone : lone S. 21. : zuene V, 7, 13. 18, 2. 20, 9.
thanne : manne H. 53. I, 4, 44. 15, 50. 17, 76. 21, 16. II, 6, 21. 17, 8. 20, 12. III, 2, 15. 3, 27. 7, 80. 13, 21. 16, 39. IV, 12, 28. V, 7, 42. 11, 29. 19, 49. 23, 239. : fliahanne H. 82. : helle I, 1, 38. : alle I, 2, 13. 15, 35. 17, 69. II, 4, 40. 9, 17. III, 14, 64. 25, 13. V, 6, 49. 12, 47. 19, 5. 28. 21, 16. 22, 14. : firspirne

I, 2, 15. :einkunne I, 4, 4. :uuerde I, 4, 55. III, 6, 23. :heiminge I, 8, 8. :uuizanne I, 17, 48. :iomanne I, 18, 8. :gange I, 22, 14. III, 7, 9. 13, 30. :gigange I, 27, 46. IV, 7, 7. :firbrenne I, 27, 68. :thinge II, 6, 45. :zelle II, 7, 53. :tharinne II, 11, 22. 46. :uuolle II, 12, 45. :drinkanne II, 14, 24. 40. :nintfalle II, 21, 3. :biginne II, 23, 14. :uuoroltmanne III, 18, 56. :fragenne III, 20, 124. :steinonne III, 23, 32. V, 1, 12. :uuidarstantanne III, 26, 50. :oliberge IV, 6, 68. :banne IV, 8, 9. :uualde IV, 26, 51. :salbonne IV, 35, 20. :ezanne V, 11, 33. :zellene V, 19, 13. 43. 65. :blasanne V, 23, 202.

githane :uuane I, 16, 9.

tharinne :uuinne II, 3, 58. :biginne III, 7, 27.

thegane :legare III, 24, 98.

githigine :kuninge III, 2, 38.

thine :uuine II, 9, 6. 24. 94.

uuanne :gange I, 23, 29. III, 1, 11. :brenne I, 23, 61. :thanne II, 12, 17. 59. :mende II, 12, 38. :uuizanne II, 14, 76. :tharinne III, 4, 5. :manne IV, 4, 74. :ganganne V, 6, 52. :gommane V, 8, 49.

uuerne :firspurne III, 23, 38.

zorne :horne IV, 26, 2. :iuuuanne IV, 30, 9.

derre :gimerre I, 2, 30. III, 7, 72. :merre II, 4, 65. :biuuerre III, 1, 42. V, 3, 8.

fiure :hiare IV, 26, 50.

gifuare :gikuale II, 14, 16.

gikamare :gamane H. 21.

gikerre :thanauuerre I, 27, 65.

legere :irgebanne V, 20, 26.

nidare :himile II, 21, 31. III, 24, 89.

petre :se H. 158.

sare :gifuare I, 4, 83. :fiure I, 27, 62. :sine IV, 7, 33. 19, 5. :hiare IV, 18, 13. :sere IV, 34, 19.

thanascerre :merre V, 25, 38.

skiere :giziere I, 23, 22.

insperre :manne I, 5, 32.

thare :iare I, 2, 57. II, 4, 32. III, 7, 55. :sare I, 11, 35. 17, 33. 46. 63. IV, 33, 21. V, 7, 47. 13, 33. :altare II, 9, 80. :gihore II, 21, 18. :hiare II, 21, 32. IV, 31, 21. :alauuare III, 2, 34. V, 20, 72. 23, 238. :uuage III, 7, 34. :zuene IV, 5, 24. :sine IV, 6, 53. :irfare IV, 13, 53. :lere IV, 20, 32. :hahe IV, 23, 27. :urmare IV, 27, 3.

uuare :iare L. 63. H. 90. :thare L. 86. H. 38. 127. II, 24, 2. III, 8, 6. 14, 82. 23, 54. IV, 6, 31. 7, 27. 31, 24. V, 11, 41. 19, 48. 23, 276. :hiare H. 97. 142. I, 15, 40. III, 7, 41. IV, 31, 9. :altgilare I, 11, 11. :undiure II, 22, 18. :suare II, 23, 10. III, 9, 6. :sere III, 4, 18. :sare III, 13, 10. 17, 11. 18, 73. IV, 21, 31. 33. V, 16, 42. :abrahame III, 18, 33. :uuizodspentare V, 8, 36.

muase :abande IV, 11, 11. :satanase IV, 12, 39.

se :uue I, 5, 55.

uuise :sine I, 11, 3. :paradyse II, 6, 38. :muase III, 10, 39.

giuuise :irlose V, 19, 58.

giuuisse :firstantnisse I, 1, 40. :zirstantnisse I, 15, 30. :irstantnisse III, 7, 7. IV, 36. 22. 37, 43. V, 8, 12. :finstarnisse III, 20, 20. 21, 22. :githuingnisse III, 26, 24. :kusse IV, 16, 26.

alte :gizalte I, 11, 28. III, 14, 67. V, 16, 40.

gibeite :leite IV, 15, 22.
biete :thiete III, 6, 30.
gibiete :thiete L. 90. I, 1, 96. :muate V, 15, 7. 20, 62. :uuorolthiote V, 16, 22.
gidrahte :fehte I, 1, 85.
undrate :zisate IV, 7, 4.
gidroste :irloste I, 10, 15. V, 23, 76. :thionoste V, 23, 264.
erdente :biuuente I, 11, 17.
feste :kriste III, 13, 54. 20, 98. :breste IV, 31, 35. :gireste V, 25, 6.
friste :giluste II, 19, 4. :uuegeneste III, 14, 90. :kriste V, 25, 91.
guate :gifuagte H. 137. :fastmuate I, 1, 73. II, 10, 22. IV, 29, 4. 37, 22. :gibiete I, 1, 121. :crute I, 16, 24. :brote II, 5, 20. :dote III, 18, 30. :giherete IV, 5, 52. :bluate V, 1, 45. :drute V, 8, 35. 12, 97. :dumpmuate V, 9, 41. :frauuamuate V, 23, 182.
unguate :bluate IV, 25, 8.
helphante :ente V, 25, 91.
gihugte :scutte V, 19, 32.
gihursgte :thionoste II, 6, 55.
kriste :geiste I, 4, 39.
gikruste :luste III, 7, 78.
lante :suintante H. 85. :unscante I, 1, 66. :sante I, 1, 72. :nintstante I, 1, 119. :suorgente I, 11, 20. :haltente I, 12, 1. :firstante I, 17, 24. :alte I, 17, 27. :ilente I, 17, 79. :elilente I, 18, 16. 21, 3. V, 9, 17. :uuente I, 18, 34. :halte I, 19, 22. :ginante II, 9, 8. :giuuente II, 18, 8. :uuallonte IV, 2, 25. :heilante V, 9, 23. :feriente V, 13, 27. :ufstante V, 19, 26. :uuidarstante V, 19, 33. :inblante V, 23, 245.
inliuhte :liohte I, 12, 4.
liute :note III, 20, 112. IV, 7, 21.
irloste :droste IV, 37, 17.
giluste :breste II, 10, 21.
milte :mammunte II, 16, 5.
mornente :lante I, 18, 21. :elilente III, 26, 23. :blinte III, 14, 61.
muate :guate L. 46. 61. S. 25. 43. H. 115. I, 18, 40. II, 1, 42. 5, 1. 15, 24. 16, 9. 17, 6. 19, 6. 24. 21, 4. 24, 34. III, 7, 74. 11, 26. 12, 29. 15, 42. 20, 141. 21, 35. 24, 10. 26, 5. 25. 55. IV, 5, 59. 19, 62. 32, 3. 34, 24. 37, 6. 20. 37. V, 5, 19. 6, 41. 50. 9, 4. 20, 22. 55. 22, 2. 23, 30. 56. 58. 60. 80. 87. 132. 150. 174. 186. 196. 208. 210. 222. 234. 244. 258. 272. 286. 298. :anaguate II, 24, 16. III, 7, 43. V, 3, 6. :thiote I, 1, 124. :heilante I, 7, 6. :bluate II, 2, 29. :gidruabte V, 11, 19.
einmuate :anaguate IV, 29, 5.
gimuate :biete II, 18, 20.
note :gilute I, 1, 37. :einote I, 10, 28. :herote I, 22, 34. III, 15, 52. 24, 109. :brote II, 4, 44. :thiote III, 13, 8. :uuallonte IV, 9, 26. :dote V, 4, 35. 23, 69. :friunte V, 20, 54.
rehte :irrihte III, 7, 68.
rihte :rehte I, 10, 26. 26, 14. niuuihte II, 13, 8.
sante :uzlente V, 13, 18.
gisehente :gangente IV, 26, 17.
slafente :gimanote I, 17, 73.
suente :anauuente I, 23, 54.
thiote :liohte III, 24, 100.
thulte :uualte I, 1, 93. :skelte III, 18, 3.
uualte :elte V, 23, 52.
uuaste :geiste II, 4, 2.
iruuente :gibente I, 10, 22. :fiante II, 3, 64.
uuorte :firgelte S. 18. :uuidarstante I, 5, 64. :antuuurte I,

5, 68. II, 14, 74. IV, 16, 45. : ente I, 18, 6. V, 23, 225. : uuirte II, 10, 18. : lante III, 2, 23.
mezuuorte : euuarte IV, 19, 15.
douue : gifrouue III, 25, 26.
garauue : uuirdige I, 4, 45.
uue : spe II, 6, 27. : le IV, 6, 47.
zesue : se V, 13, 15.
agaleize : gisaze II, 14, 6.
annuzze : sizze III, 21, 34.
flize : agaleize I, 1, 1. III, 11, 29. : uze III, 15, 7. : uuize IV, 27, 4. 30, 20. : tharuze V, 6, 16.
heize : suaze II, 17, 5.
urheize : firlaze IV, 20, 24. : biheize IV, 23, 28.
firlaze : gigruaze IV, 1, 24. : uuize IV, 22, 10.
mazze : fazze II, 14, 22.
mezze : sezze V, 18, 7.
ummezze : hazze V, 23, 109.
muaze : gisuaze III, 25, 12.
nuzze : sizze II, 24, 17. : einluzze III, 14, 97.
insizze : gilezze V, 23, 247.
scazze : gisizze III, 6, 22.
smerze : armherze II, 16, 17. : gigrunze V, 23, 252.
biuuelze : bisturze II, 17, 16.
uuizze : fisgizze II, 7, 76.
giuuizze : nuzze I, 22, 62.
iruuize : sizze III, 1, 23.

F.

drutscaf : quad L. 85.
heriscaf : darf IV, 5, 42.
riaf : uuiaf S. 38. : sliaf III, 14. 59.
gihalf : uuarpf IV, 25, 3.
biscof : drof I, 4, 27. : thoh I, 4, 47. IV, 19, 39.
drof : frithof H. 6. III, 25, 6.
houf : kouf II, 11, 15.

G.

dag : lag I, 20, 13. : riuag II, 8, 20. : mag II, 8, 50. III, 14, 73. V, 12, 33. 19, 23. 21, 24. 22, 10. 23, 176. 189. 24, 14. : unnotag III, 4, 36. : analag IV, 24, 23.
druag : muat H. 139. : ginuag III, 7, 37. IV, 1, 22.
heilag : mag I, 22, 3. : dag IV, 5, 55.
mag : lag V, 4, 57.
ubarmag : uuag IV, 31, 33.
ginuag : firdruag L. 48. III, 22, 33. : irsluag II, 3, 27. : luag II, 6, 3. : giuuuag III, 14, 83. 16, 40. IV, 15, 28. 26, 26. 28, 17. V, 14, 30. 23, 200. 230. : thanasluag IV, 18, 21.
giuuuag : firdruag III, 19, 32. : thanathuag III, 20, 27. 49.
ginadig : uuirdig IV, 13, 41.
ginathic : uuirdic H. 158.
salig : uuig II, 16, 25.
githig : uuirdig H. 36. : kreftig IV, 37, 15. : salig V, 23, 54.
githic : uuirdic H. 56.
uuirdig : druhtine I, 6, 9. : thing IV, 7, 87. : sculdig IV, 19, 70.
giuuurtig : obanentig II, 8, 36.
fiang : usgigiang IV, 13, 1.
bifiang : giang II, 15, 4. : ingigiang IV, 7, 51.
gifiang : missigiang H. 31. : irhiang II, 12, 63. : nidargiang II, 24, 7. : thanagiang III, 4, 32. : giang III, 13, 45. 16, 2. 17, 45. V, 5, 9. 6, 23. 53. : ubargiang IV, 20, 30.
untarfiang : tharagiang III, 14, 9. : gihiang IV, 33, 34.
giang : intfiang I, 6, 3. II, 15, 14. : zigiang III, 8, 15.
gigiang : anafiang H. 67. : gifiang II, 9, 58. III, 16, 5. : intfiang V, 16, 11.

ingiang : intfiang II, 11, 5.
uzgiang : intfiang IV, 12, 51.
sang : antfang I, 12, 29. : boralang II, 3, 13.
githuang : barg V, 17, 6.
ediline : Ludouuic L. 18.
umbiring : uuoroltthing H. 120. V, 1, 32 : ediling I, 9, 9.
uuoroltring : dagathing V, 19, 1.
thing : umbiring L. 64. IV, 12, 17. 16, 5. 30, 35. V, 19, 10. : ediling I, 23, 45. : uuoroltring II, 2, 13. 3, 41. III, 26, 38. IV, 7, 11. 10, 16. 21, 32. V, 1, 33. 16, 24. 17, 26. : penthing III, 14, 92. : ring III, 17, 9. : giuueltig IV, 23, 37. : githuing V, 19, 23.
burg : notthurf II, 14, 100. : kund II, 14, 118.
finfzug : gihugt V, 13, 19.
zehanzug : gihuct II, 8, 53.

H.

buah : ruah L. 87. : umbiruah V, 6, 17. 72. 25, 34.
gifnah : gisah III, 8, 37. : nah V, 5, 10.
gimah : gisah I, 9, 32. II, 6, 49. 9, 59. III, 20, 28. 147. V, 8, 19. 12, 46. : sprah III, 12, 10. 20, 135. 25, 29. : gisprah V, 23, 163.
ungimah : quad I, 1, 57. : sah I, 8, 2. : gisah III, 8, 26. 20, 104. 24, 53. IV, 26, 34. : gisprah III, 18, 24. IV, 19, 19. : sprah IV, 19, 65.
rah : firbrah III, 5, 8.
ruah : fluah IV, 24, 30.
sah : gisprah I, 9, 26. IV, 19, 13. : sprah II, 3, 52. IV, 15, 61. 18, 6. 26, 28. 37, 19. V, 7, 66.
gisah : zuasprah I, 4, 26. : gisprah II, 1, 40. V, 17, 13. : firbrah III, 7, 32. : firsprah III, 20, 111. : stah IV, 33, 27.
sprah : gisah I, 4, 80. 16, 16. II, 7, 35. III, 4, 19. 6, 16. 8, 31. 20, 46. 171. V, 4, 3. 10, 34. 13, 8. 15, 11. : heriscaf I, 12, 21. IV, 17, 15. : rah IV, 6, 21. : quad IV, 16, 36.
gisprah : nidarsah III, 17, 35. : bisah V, 7, 43.
bisueih : gisleih II, 5, 26.
iagilih : samalih V, 25, 65.
iuih : mih II, 13, 5. 16, 35. 36. III, 12, 5. 18, 18. 23, 51. : asuih IV, 12, 10. : ih IV, 26, 44.
gilih : lidolih I, 18, 5. : gilumplih I, 25, 25. : sumilih III, 3, 17. : sumirih V, 12, 79. 19, 37.
mih : sih I, 25, 19. : mih III, 12, 21. : ih III, 15, 22. : samalih III, 16, 48. IV, 15, 36. : gilumplih IV, 11, 21. 15, 4. : ungilih V, 7, 25.
sih : gilih L. 8. : egislih II, 6, 44.
thih : samalih L. 47. : mih H. 11. I, 2, 48. 25, 8. III, 24, 31. IV, 15, 34. 19, 11. 23, 41. V, 7, 57. : missilih H. 58. II, 19, 23. : sumirih H. 64. : iuuuih H. 160. : sih III, 8, 2. 17, 57. IV, 25, 11. V, 19, 51. : ungilih III, 23, 4. IV, 7, 30. V, 12, 3. : egislih IV, 13, 17. : unsih IV, 24, 31. : thih V, 8, 37. 15, 42. : leidolih V, 23, 218.
zoh : mitifloh I, 8, 7. : intfloh V, 14, 23.
irzoh : intfloh I, 21, 14.
uuirouh : ouh I, 17, 65.

I.

irhuabi : fuari III, 2, 5. : insuabi IV, 8, 7. : ginuagi IV, 18, 25. : bigruabi V, 20, 80.
liubi : giloubi H. 22. V, 7, 4. 20, 44. : giroubi V, 4, 51.

giroubi : giloubi IV, 28, 1.
irsturbi : bidulbi V, 20, 107.
bitherbi : adalerbi III, 1, 40.
umbitherbi : adalerbi I, 18, 17. : erbi II, 2, 22.
umbi : uuurbi I, 1, 17. : finfi III, 4, 7.
biuurbi : nirsturbi III, 24, 77. : irsturbi III, 26, 27. IV, 4, 2. 13, 42.
bilidi : frauili III, 19, 38. IV, 6, 27. : ubari IV, 5, 33.
blidi : frumikidi IV, 34, 12.
herzblidi : mari I, 4, 31.
fremidi : himilrichi I, 5, 56.
unhuldi : sculdi IV, 24, 5.
iugendi : fastenti I, 4, 34.
uuirdi : huldi S. 35. : uuurdi I, 8, 14. IV, 19, 45.
uurdi : huldi IV, 12, 9.
diufi : liafi II, 14, 45.
giliafi : riafi III, 14, 84.
riafi : scuafi IV, 29, 47.
gibirgi : burgi I, 9, 35. : giburgi III, 8, 3.
firburgi : burgi IV, 6, 22.
eigi : ueigi I, 11, 10. : feigi I, 24, 5. : eigi I, 24, 7. : ginuagi IV, 14, 5.
gifiangi : ningiangi IV, 16, 20. : irhiangi V, 15, 46.
intfiangi : gigiangi II, 2, 24. : giangi V, 20, 74.
anagengi : bigunni V, 6, 64.
giangi : goringi I, 20, 15. : gifiangi II, 11, 28. IV, 8, 6. 20.
gigiangi : goringi II, 6, 34.
ingiangi : bifiangi I, 19, 15. : fiali II, 5, 27. : irsluagi IV, 8, 9.
irgiangi : gifiangi III, 24, 15. IV, 4, 4.
hebigi : gidigini V, 20, 7.
iungi : heimingi II, 11, 2.
lengi : gizengi I, 20, 10.
menigi : githigini I, 2, 39. 15, 39. : erenti I, 3, 32. : ingegini I, 9, 28. II, 3, 14. 15, 13. : singenti I, 12, 22. III, 13, 52. 14, 15. 116. 20, 63. 24, 6. IV, 3, 18. 18, 9. : gisamani III, 14, 72. : zueliui IV, 16, 18. : sibini V, 14, 20.
uuoroltmenigi : ingegini III, 25, 4. : githigini IV, 12, 7.
mennisgi : umbi IV, 29, 12.
ginuagi : sluagi L. 33. IV, 19, 74. : irsluagi H. 101. II, 9, 33. III, 25, 38. IV, 3, 10. 8, 11. 23, 17. V, 7, 31. : kuani I, 1, 63. 100. : fuagi I, 1, 71. 2, 54. : biluagi II, 3, 47. : pluagi II, 4, 43. : kruagi II, 8, 29. : gifuagi III, 14, 71. : gifiangi III, 16, 74. : giuuuagi III, 23, 16. V, 9, 55. : nirsluagi III, 26, 15. : druagi IV, 14, 4. : giangi V, 10, 4.
githingi : goringi III, 26, 52. IV, 26, 40. : giuuunni IV, 8, 4.
giuuuagi : sluagi II, 18, 10.
gizungi : sungi I, 1, 116. : kunni I, 1, 120. 2, 42.
gahi : uuihi I, 8, 13. : gisahi I, 20, 12. II, 7, 60. III, 20, 58. 76. IV, 18, 22. : sahi II, 9, 36. 12, 66. : giscuahi III, 14, 91. : gigabi IV, 14, 10. : anasahi IV, 29, 49. : hohi V, 4, 25.
alagahi : gisahi V, 20, 84.
hohi : guallichi I, 12, 23. V, 23, 44. : nidarliazi II, 5, 21 : uuihi IV, 4, 49.
iahi : uuari V, 15, 25.
nahi : uuihi III, 22, 1. : bisahi IV, 29, 44.
alanahi : gisahi III, 20, 177.
uuahi : untarsahi I, 27, 6.
buachi : himilrichi L. 91. : richi S. 5.
guallichi : himilrichi I, 28, 13. : lichi V, 12, 48.
kuningrichi : guallichi L. 71.

githigini : menigi III, 4, 42. : gisidili IV, 9, 19.
uuini : uuorolt menigi II, 9, 31.
uuunni : adalkunni I, 3. 4. V, 22, 3. : uuunni II, 6, 39.
bari : einmari I, 11, 30.
firbari : uuari I, 20, 32. II, 9, 54. IV, 13, 45. V, 17, 8.
diuri : mari I, 6, 16. 17. V, 4, 8. : nidiri II, 14, 83. : heri IV, 4, 22.
fuari : uuari III, 11, 5. : ziari IV, 4, 24.
gilari : solari IV, 9, 10. : uuari V, 23, 2.
mari : uuari I, 3, 16. 17, 12. 20. 19, 14. 23. 21, 11. 22, 40. 27, 1. 12. II, 3, 6. 31. 36. 42. 4, 26. 9, 32. III, 5, 12. 7, 87. 13, 2. 14, 107. 20, 35. 55. 84. 167. 22, 6. IV, 20, 18. 23, 26. 30, 34. 34, 7. V, 5, 2. 16. 12, 85. : seltsani I, 9, 34. V, 12, 7. : frambari V, 12, 88.
lutmari : uuari II, 13, 28. IV, 34, 18. 37, 31. : fiari III, 14, 3.
untarmuari : tharafuari I, 19, 7.
nidiri : ebeni III, 3, 19. : hebigi V, 4, 18.
sibunstirri : gistelli V, 17, 29.
suari : quami V, 19, 7.
ubari : abulgi II, 13, 38.
ungiuitiri : uuidari III, 8, 10.
uuari : ziari H. 162. III, 22, 7. : heili I, 6, 18. : gibari I, 14, 11. 17, 68. : uuani I, 15, 23. : urmari I, 17, 71. : farari II, 4, 5. : fari II, 4, 46. IV, 8, 28. : suari II, 6, 9. III, 8, 46. : quami II, 18, 22. : fihuuuiari III, 4, 3. : giuuari III, 8, 24. : gifuari IV, 19, 27. : fiari IV, 28, 3. : firzari IV, 29, 18. : gizami V, 15, 39. : sconi V, 23, 267.
alauuari : uuari I, 22, 12. II, 4, 15. 9, 75. III, 2, 28. V, 7, 46. 9, 12. 13, 24. : fiari II, 14, 103. : heilari II, 14, 121. : mari III, 4, 47. : gifuari III, 6, 33. : diuri III, 23, 20. : gilari IV, 15, 7. : fuari V, 17, 17. : quami V, 17, 20. : ungifuari V, 20, 115. : gizami V, 23, 204.
uuidari : redii III, 19, 4. : solari IV, 21, 1.
uuidiri : nidiri H. 155.
urlosi : firuuasi II, 6, 54.
si : persi I, 1, 86. : firstantnissi II, 9, 30. : si III, 17, 39. 23, 55. V, 1, 18. 24. 30. 36. 42. 48. 23, 41.
uuessi : gastuuissi I, 11, 34.
uuissi : si H. 10. I, 3, 15. III, 20, 51. IV, 22, 7. 28, 21. V, 15, 13. : paradisi IV, 31, 26.
giuuissi : finstarnissi II, 12, 88. : suaznissi III, 14, 112. : si III, 19, 6. IV, 20, 19. 26, 37. V, 6, 11. 23, 37. : irstantnissi III, 24, 27. IV, 37, 23. V, 6, 32. 24, 11. : stilnissi IV, 7, 49. : uuessi IV, 18, 30. : uuarnissi IV, 21, 36. : gotnissi V, 6, 59. 8, 18. : iruuartnissi V, 12, 22.
afoloti : garoti I, 23, 21.
ahtonti : drurenti I, 4, 79. : mohti I, 27, 2. V, 4, 15. : mahti III, 2, 25. 5, 2.
angusti : fristi III, 25, 11. V, 10, 20. : lusti V, 10, 30. : gilusti V, 23, 84.
antuuurti : giuuurti I, 5, 34. II, 7, 57. III, 20, 109. V, 15, 15. : uuurti II, 4, 91. IV, 27, 29. : milti II, 12, 27. III, 2, 9. 18, 57. IV, 11, 25. : herti III, 13, 19. : ungiuurti III, 18, 25. : noti III, 20, 95. : zurnti V, 9, 15.
armuati : guati II, 16, 2. : irbarmeti IV, 2, 28.
arunti : firmonanti I, 4, 65. : abahonti I, 4, 67. : blidenti I, 7, 2.

heroti : thiomuati I, 3, 41. : abahoti III, 15, 49. : gimuati IV, 11, 23.
herti : elilenti I, 18, 25. : zurnti III, 5, 16. : ferti III, 8, 14. : uuurti IV, 13, 29. : antuuurti IV, 20, 11. 23, 21. : geginuuerti V, 16, 26. : ungiuurti V, 16, 13.
gihialti : irstuanti IV, 15, 63.
hogeti : fagoti I, 8, 22.
gihogeti : namiti I, 9, 14. : habeti I, 9, 22. : namati II, 23, 26. : uuorolti IV, 4, 23.
gihogti : githagti IV, 2, 24.
holoti : giladoti II, 7, 63.
horti : redinoti III, 17, 30. : noti IV, 13, 52. 24, 2.
gihorti : bati I, 4, 18. : arunti I, 12, 10. : dati I, 20, 27. : giquati IV, 22, 2. : irscouoti V, 23, 24.
iagonti : bliuenti III, 8, 13.
ilenti : gahonti I, 13, 7.
ilti : ziti V, 4, 11.
tharagiilti : girumti V, 4, 27.
ketti : betti III, 24. 82.
giklagoti : afterruafenti III, 11, 24.
krefti : giskefti I, 2, 26. 47. V, 20, 6. : mehti II, 17, 22. : gifti IV, 1, 10. : irquicti IV, 3, 15. : girihti IV, 4, 58. : mahti V, 4, 1.
kuanheiti : uuialti IV, 21, 20.
gikundti : kunfti I, 23, 6. IV, 18, 34.
kunsti : konsti III, 16, 7.
quati : dati II, 8, 20. V, 8, 53. 14, 15. : guati IV, 2, 27. : nirknati IV, 16, 32. : marti IV, 27, 28. : noti V, 8, 31. 43.
giquati : dati II, 8, 26. V, 7, 39.
quisti : brusti IV, 32, 8. : angusti V, 19, 24.
lebenti : giloubenti I, 6, 6.
gilegiti : deriti IV, 12, 64.
firleipti : tharakleipti II, 6, 30.
leitti : giheilti II, 12, 79.

gilerti : bikerti III, 17, 34.
liuti : dati I, 9, 33. III, 4, 35. 5, 7. IV, 30, 25. 36, 14. : ahtenti I, 10, 10. : gebenti I, 10, 21. : riati I, 24, 1. : giloubti II, 2, 9. : brutloufti II, 8, 3. : fragenti II, 11, 31. : antuuurti II, 11, 35. : gimuati II, 13, 25. 14, 21. : githiuti III, 10, 24. V, 8, 8. : noti III, 14, 16. 25, 9. : ruarti III, 14, 34. : irdeilti III, 17, 10. : minnoti III, 24, 71. : heroti IV, 20, 1. : thrangonti IV, 30, 1. : luti IV, 33, 22. : ziti V, 22, 5.
lobenti : machonti I, 9, 31.
losenti : gebenti I, 9, 30.
loufti : anaroufti III, 10, 4.
lusti : fristi II, 11, 34. : festi II, 24, 11. V, 14, 7. : akusti III, 7, 63.
gilusti : firuuesti I, 1, 10. : brusti I, 11, 37. II, 1, 8. III, 6, 39. 14, 120. V, 23, 144. : heiministi I, 18, 45. : heimuuisti II, 7, 22. IV, 5, 35. : firthuasbti II, 12, 77. : fristi III, 7, 84.
hugulusti : brusti II, 11, 64. : kusti IV, 37, 9.
leidlusti : brusti I, 20, 18. : firduasbti V, 7, 34.
mahti : gidrahti L. 11. V, 25, 27. : rihti II, 22, 29. : krefti V, 17, 9.
unmahti : uuihti III, 9, 5. : firuuorahti III, 20, 9. : mahti III, 23, 21. : gidrahti V, 20, 87.
mammunti : munti V, 23, 29. 59. 131. 173. 185. 195. 207. 221. 233. 243. 257. 271. 285. 297.
meinti : heiti I, 22, 56. : zeinti III, 4, 21. 23, 47. : firstuanti IV, 12, 45.
gimeinti : chuanheiti I, 1, 4. : irdeilti II, 12, 78. : giheilti III, 2, 6. 11, 12. : heilti III, 3, 6. 11, 6.

gimeiti : dumpheiti V, 23, 30.
menthenti : stantenti V, 23, 100.
milti : uuurti I, 3, 19. : antuuurti II, 14, 79. III, 10, 15. : mammunti III, 14, 111. 19, 12. : enti IV, 37, 46.
minnoti : bilidoti H. 148. : meindati I, 4, 8.
mohti : zuhti I, 8, 4. : niauuihti II, 10, 1. : dohti III, 20, 65.
gimuati : liuti II, 17, 10. IV, 31, 14. : uuati III, 3, 15.
otmuati : noti I, 5, 67. : scouuonti I, 7, 7. : heroti IV, 6, 43.
ubarmuati : guati I, 7, 14. 18, 18. III, 19, 9. : infuarti II, 3, 48.
noti : arabeiti L. 38. II, 14, 110. 26, 29. IV, 31, 8. V, 23, 9. : thiononti L. 66. : uuankonti L. 69. : girati I, 1, 106. IV, 1, 1. : uuisonti I, 10, 24. : thionoti I, 13, 12. V, 20, 90. : zeigoti I, 17, 14. : ubarmuati I, 18, 13. II, 5, 7. : ziti I, 18, 20. II, 11, 40. III, 23, 33. IV, 7, 57. 33, 8. V, 6, 70. : karitati I, 18, 38. : heizmuati I, 20, 2 : ebonoti I, 23, 24. III, 5, 13. : regonoti II, 1, 18. : horti II, 5, 19. : missidati II, 6, 53. V, 6, 43. : dauualonti III, 2, 7. : aramuati III, 3, 14. : liuti III, 7, 23. 8, 1. IV, 4, 55. 24, 19. : gisamanoti III, 10, 26. : folgeti III, 11, 22. 26, 42. : spentoti III, 14, 12. : ruarti III, 14, 30. : dati III, 15, 31. 17, 63. 20, 66. 181. IV, 1, 48. 5, 1. 16. 16, 31. 17, 8. 26, 10. V, 8, 47. 20, 102. : heroti III, 16, 4. 55. 25, 1. 14. IV, 19, 21. 21, 26. 36, 5. : steinoti III, 17, 31. : habeti III, 19, 15. : greifonti III, 20, 38. : armuati III, 20, 40. 21, 13. : tharbeti III, 20, 100. 166. : mornenti III, 20, 115. : heizmuati III, 20, 129. IV, 19, 57. 30, 8. : samanoti III, 26, 47. : ginadoti IV, 2, 2. 26. V, 1, 6. : uuati IV, 4, 30. V, 19, 45. : bosheiti IV, 4, 66. : dumpheiti IV, 5, 6. : giziti IV, 8, 1. 16. : quati IV, 12, 16. : anarati IV, 12, 54. : giharteti IV, 13, 22. : kuanheiti IV, 13, 50. : irknati IV, 18, 20. : nirknati IV, 18, 31. : hantoloti IV, 21, 21. : alathrati V, 4, 33. : doti V, 6, 8. : uuidarmuati V, 7, 26. : stozenti V, 14, 10. : guati V, 19, 54. : ubildati V, 21, 20.
ginotti : firlongneti IV, 13, 48.
ginuhti : zuhti S. 22. II, 4, 48. 21, 33. : suhti II, 24, 22.
ougti : sougti I, 11, 38. : dati II, 11, 32.
girati : uuoroltdati II, 17, 2. : quati III, 17, 18. : indati III, 20, 91. : stati III, 24, 19. : heroti III, 25, 21. : dati IV, 1, 42. IV, 12, 8. 36, 16. : firlati IV, 8, 19. : spati V, 6, 39.
ungirati : dati V, 4, 5.
redinonti : harenti III, 10, 13.
ebanreiti : arabeiti V, 19, 50.
resti : gilusti S. 19.
rihti : gisihti I, 22, 44. 10, 17. II, 24, 44. IV, 7, 88. V, 7, 61. 18, 15. : si II, 9, 7. III, 26, 13. : mahti II, 9, 91. : mohti III, 16, 70. : krefti IV, 12, 60. : bigihti V, 6, 38. : ummahti V, 23, 77.
girihti : gifti I, 17, 70. : slihti I, 23, 26. III, 7, 76. : uuoroltslihti II, 2, 17. : eregrehti III, 14, 114. 21, 32. : gisihti III, 26, 58. IV, 1, 54. V, 23, 177. : gislihti IV, 4, 34. : giknihti IV, 8, 22.
uuegerihti : giknihti III, 8, 19.
rometi : analegiti IV, 29, 37.
ruarti : guati II, 4, 38. : farenti III, 4, 10. : burgliuti IV, 4, 60. : fuarti V, 20, 85.

rusti : akusti V, 2, 6.
girusti : listi I, 17, 10. : festi II, 11, 12. III, 12, 36.
sagenti : arunti I, 4, 58. : klagonti V, 9, 17.
firsagenti : gebenti I, 4, 68.
sageti : dumpmuati I, 3, 29.
gisageti : antfangi I, 4, 73. : manoti II, 2, 12. : irretiti IV, 12, 36.
santi : uuanti III, 21, 28. IV, 15, 64. : ginanti IV, 19, 50.
gisihti : stantenti I, 4, 60.
gisitoti : geroti III, 14, 20. : firseliti IV, 11, 4. : irretiti IV, 17, 4. 22, 4.
gisceinti : gomaheiti III, 15, 19.
scolti : giheilti I, 3, 38. : eisconti III, 15, 38. : uuurti V, 9, 33. : uuolti V, 12, 95. 20, 10.
slihti : rihti I, 1, 19. 36. II, 10, 9. : eregrehti IV, 5, 22.
firslunti : niruuunti II, 6, 8. : iruuunti II, 6, 29.
suhti : unmahti III, 2, 8. 14, 56. 23, 6. : fluhti IV, 7, 12.
suorgenti : gisunti I, 22, 50.
suuigenti : irhogeti V, 23, 21.
thahti : nahti I, 8, 21. : tharabrahti III, 11, 10. : brahti IV, 20, 12.
bithahti : nahti I, 23, 12. : suahti II, 12, 73.
githahti : ahtonti I, 13, 18. : suahti I, 16, 6. : brahti II, 14, 99. : gibrahti III, 8, 27. : gahti IV, 23, 3.
thigiti : giscouuoti I, 4, 13.
bithrahtoti : betoti II, 4, 97.
thrati : dati II, 23, 25. III, 22, 62. IV, 33, 3. : undati II, 24, 25. : missidati II, 24, 33. IV, 31, 10. : spati III, 4, 25. V, 5, 8. : unstati III, 7, 16. : quati III, 12, 3. : giuuati IV, 29, 36.
alathrati : dati H. 27. II, 23, 12. 29. : noti III, 8, 22.
thulti : irfulti II, 18, 4. : antuuurti III, 18, 37. 22, 35. IV, 19, 41. 23, 34. V, 20, 81. : uuurti III, 19, 25. IV, 15, 44. : milti IV, 16, 52. : uuolti V, 1, 8.
thurfti : ruafenti III, 10, 5. : anaruafti III, 20, 32. : gifti V, 12, 55.
uuahsenti : henti I, 9, 40. : gisihti I, 23, 44.
uuangti : giangti III, 15, 51. : gisoankti IV, 2, 11.
uuanti : irthahti IV, 21, 10.
giuuanti : irkanti II, 2, 25.
uuartenti : legiti IV, 35, 24.
giuuati : dati IV, 11, 12. 41. : gidati IV, 19, 58. : noti IV, 23, 7.
iruueliti : gizeliti III, 11, 23. 20, 99. : neriti IV, 2, 23.
anauuelti : nintgulti II, 11, 24.
giuuelti : sprechenti I, 2, 35. : henti I, 7, 13. : uuoroltenti I, 15, 37. : enti I, 28, 6. V, 6, 60. 63. 25, 20. 102. : elilenti III, 26, 16. : uualti IV, 17, 16. : thulti IV, 27, 11. : faltonti V, 19, 35.
uuenti : ensti I, 5, 18. : henti I, 11, 24. : obanenti II, 4, 53. : betolonti III, 20, 39.
biuueriti : gineriti IV, 16, 34.
giuueriti : koroti II, 4, 76.
uuesti : festi I, 11, 22. 19, 27. III, 20, 52. IV, 7, 55. : fristi III, 23, 17. : firquisti V, 7, 33. : alafesti V, 7, 54.
uuolti : gizalti I, 27, 54. : scolti II, 4, 41. V, 10, 3. : zalti II, 11, 66. IV, 1, 34. : giuuelti III, 8, 5. : abgrunti III, 19, 28. : gulti IV, 20, 21. : unthulti V, 7, 17.
uuonenti : lobonti IV, 37, 39.
uuorolti : beranti I, 3, 7. 23, 53. III, 20, 21. : ziti I, 3, 35. : sehenti I, 3, 40. : zeigonti I, 5, 20. : arunti I, 5, 25. : gebenti I, 5, 31. : thiononti I, 5, 48. : berenti I, 5, 62. : sageti I, 6, 13.

:ginadonti I, 7, 11. :sprechenti I, 7, 21. :uuegonti I, 7, 26. :giheizenti I, 10, 8. :buenti I, 11, 4. :uuunsgenti I, 11, 32. :dretenti I, 12, 12. :irsageti I, 17, 1. V, 23, 19. :uuurti I, 20, 24. :uuonanti II, 1, 5. V, 25, 94. :uuorahti II, 1, 37. III, 20, 156. IV, 26, 21. :habeti II, 4, 8. :koroti II, 10, 5. III, 1, 4. :gineriti II, 14, 122. :lobonti II, 24, 46. V, 24, 22. :giholoti IV, 12, 63. :bizenti IV, 13, 43. :legiti IV, 35, 13. :iruueliti V, 1, 2. :tharaholoti V, 20, 70.

altuuorolti :habenti I, 4, 40.

uuurti :kurti I, 1, 22. :bifunti I, 8, 5. :irfirti I, 8, 18. :giburti I, 17, 2. 6. 72. II, 3, 9. 11. 4, 23. III, 20, 122. 21, 11. IV, 5, 63. V, 12, 9. 20, 23. :firuuurti I, 17, 7. :fragenti I, 17, 13. 34. :magadburti I, 17, 17. :herti II, 1, 3. :geginuuerti II, 10, 8. :giuuarteti III, 5, 4. :firstulti III, 14, 22. :inbunti III, 17, 28. :blinti III, 20, 4. :milti IV, 1, 51. :thurfti IV, 15, 2. :giuuurti IV, 15, 58. 29, 16. :enti V, 9, 36.

giuuurti :furiburti I, 18, 39. :antuuurti I, 22, 38. 27, 32. 39. :giburti II, 12, 40. :uuurti III, 2, 30. 4, 20. 14, 21. 18, 62. V, 22, 16. :herti III, 7, 75. :geginuuerti V, 24, 21.

zeinti :irdeilti H. 44. :tharaleitti II, 9, 35.

zeliti :gisageti II, 7, 42. :zauueti V, 13, 14.

gizeliti :queliti III, 17, 48. :legiti V, 7, 40.

zessonti : missihabenti III, 7, 15.

giziloti :giholoti II, 14, 14.

ziti :noti I, 1, 25. 49. II, 14, 63. :entonti I, 4, 81. :leitenti I, 5, 60. :irougti I, 23, 2. :bruti II, 8, 4. :firoti III, 15, 5. :liuti III, 22, 2. :uuorolti IV, 15, 31. :krati IV, 18, 33. :giuuonaheiti IV, 22, 9. :uuenegheiti IV, 26, 39. :dati V, 6, 29.

farauui :gigarauui V, 4, 32.

zesauui :beitonti I, 4, 22.

agaleizi :fuazi III, 10, 27.

azi :gisazi II, 6, 7.

bruzi :nirthruzzi IV, 5, 44.

giflizzi :nuzzi II, 12, 74. :giruzi III, 24, 46.

bihiazi :zistiazi IV, 19, 31. :hiazi IV, 20, 17.

kruzi :uuizi H. 3. V, 6, 31. II, 9, 79. IV, 1, 43. 25, 13.

firliazi :hiazi II, 3, 44. :biliazi II, 6, 33. :flizi IV, 24, 1. :giliazi IV, 33, 18.

nuzzi :puzzi II, 14, 34. :annuzzi IV, 35, 5. :fisgizzi V, 13, 1.

ginuzzi :bruzzi V, 12, 24.

sazi :firliazi I, 8, 12. III, 26, 30.

gisazi :azi II, 14, 96. IV, 9, 2. :gazi III, 6, 18.

suazi :fuazi I, 1, 21. 41. 47. 18, 35. III, 7, 66. 71. 23, 12. IV, 2, 16. 11, 34. V, 3, 7. :azi II, 5, 15. V, 11, 44. :sazi IV, 4, 16. 5, 30. 48. :liazi III, 17, 27. IV, 22, 16. :uuizi V, 20, 100. 23, 101. 205.

uuizi :firuuizzi III, 20, 41. :nuzzi V, 11, 48.

uuizzi :nuzzi S. 9. I, 1, 55. 61. 74. 97. II, 3, 46. 6, 18. III, 7, 62. V, 12, 75. :firuuizzi III, 20, 126. V, 18, 4. :ituuizzi IV, 30, 31. 31, 2.

K.

uuanc :thanc S. 26. H. 114. :githanc I, 16, 9.

uuank : irdrank H. 61. : skrank II, 5, 13. : thank II, 20, 8. IV, 1, 49. : githank III, 7, 82. 17, 19. V, 19, 40. 23, 113. 149. : gifank IV, 5, 43. 29, 50. 52. : gifiang IV, 29, 38. : ingang IV, 33, 29. : sank V, 23, 179.
uuerk : oliberg III, 17, 2. : giberg V, 12, 5.
folk : dolk III, 25, 27. 26, 29.

L.

al : scal L. 2. 36. 68. H. 25. I, 1, 52. 25, 22. III, 12, 6. IV, 7, 54. 11, 33. 28, 12. 29, 34. 41. V, 8, 38. : gibar I, 25, 18. : fal III, 26, 34. : quam IV, 3, 17. : dal V, 23, 102.
diufal : thar IV, 11, 2.
fal : ubaral L. 78. : scal IV, 7, 32.
fial : uuial III, 24, 27.
ubaral : scal S. 6. 17. H. 124. I, 1, 99. 3, 50. 5, 13. 15, 28. 23, 14. 26, 6. II, 2, 26. 35 4, 71. 8, 16. 21, 25. III, 2, 13. 18, 7. 22, 4. 24, 26. IV, 13, 13. 26, 35, 44. V, 7, 5. 12, 36. 20, 4. 24, 19. : goteforahtal I, 15, 3. : gibar II, 1, 10. : al II, 1, 36. : diufal II, 4, 6. III, 18, 15. 28. IV, 12, 40. : kerzistal II, 17, 18. : hal III, 7, 44. : stal III, 11, 20. : firstal III, 14, 39. : idal III, 26, 65. : ital IV, 19, 46. : uuehsal IV, 32, 10.
zuiual : gisceidan I, 3, 23. : ubaral I, 9, 25. II, 22, 27. III, 8, 40. 26, 3. IV, 34, 17. V, 1, 7. 11, 14. 20, 92. 23, 119.
heil : deil I, 1, 113. II, 18, 7. III, 14, 65. V, 25, 10. : nihein I, 12, 8.
hol : fol II, 9, 13.

M.

duam : uuisduam I, 1, 5. IV, 1, 50. : duan I, 1, 44. : uuoroltruam IV, 5, 46. : giduan IV, 6 29. : spuan IV, 8, 18.
fram : gizam L. 42. 58. I, 8, 9. IV, 9, 14. V, 4, 54. 11, 17. : quam H. 79. I, 3, 3. 43. I, 20 33. II, 10, 7. 12, 87. III, 13, 4. 14, 113. 16, 12. 63. 21, 29. 24, 90. 26, 32. IV, 4, 47. 18, 5. V, 5, 6. 8, 26. 16, 25. : gihorsam I, 3, 14. : man I, 15, 9. 7, 27. 32. II, 14, 87. III, 13, 31. 20, 71. IV, 4, 61. 23, 9. : arm I, 15, 13. : zam I, 22, 61. II, 2, 34. 7, 8. 10, 11. 12, 71. V, 7, 14. 8, 4. 9, 51. : uuoroltman I, 23, 5. : koufmann II, 11, 25. : drutman II, 11, 42. : betoman II, 14, 69. 70. : liutstam III, 12, 7. IV, 8, 14. : tharaquam III, 14, 44. IV, 1, 11. : sehentan III, 24, 78. : lobosam IV, 1, 39. : uuerdan IV, 11, 29. : biquam IV, 30, 24. 33, 15. : nam V, 12, 10. 25, 32.
quam : nam II, 8, 54. : zam II, 12, 12. 13, 3. III, 2, 1. 17, 3. IV, 11, 9. 16, 35. : samariam II, 14, 5. : sinan IV, 6, 10. : thananam IV, 35, 18.
nam : man II, 6, 24. III, 4, 34. IV, 3, 23. 16, 11. : fram II, 6, 31. 8, 18. IV, 24, 11. : bigan IV, 11, 6. : zam V, 6, 20.
binam : gan IV, 3, 16.
ruam : lobduan I, 2, 17. : giduan II, 14, 43. 20, 2. : duam III, 15, 17.
uuisduam : ruam S. 10. : duan IV, 19, 2.
zam : gomman II, 14, 51. : man IV, 5, 56. V, 18, 3. : biquam IV, 29, 31. : nam V, 8, 27.

9, 67. 19, 27. III, 20, 107. IV, 20, 4. 10. : biquam I, 22, 41. III, 20, 105. : giuuan II, 4, 11. 5, 11. 23. : gisan II, 12, 33. : uuerdan II, 12, 49. 14, 17. : irbolgan II, 18, 21. : quam III, 4, 43. : giboranan III, 20, 1. : giklan III, 21, 4. : bidolban III, 24, 64. : iohannan IV, 12, 29. : gisceidan IV, 12, 52. : uuan IV, 17, 31. 24, 33. : firdan IV, 22, 6. : druhtinan IV, 22, 18. : inan IV, 24, 15. : zam IV, 35, 1. : bilibanan IV, 35, 6. : irban V, 21, 7. : nam V, 21, 14.

managan : gilegenan IV, 7, 15.

midan : nidarstigan II, 4, 77.

bimidan : stigan II, 7, 73. : lidan IV, 5, 10.

minan : scriban II, 18, 14. : sinan III, 18, 51. : midan IV, 26, 30.

morgan : irsterban H. 145. IV, 12, 56. : sinnan II, 7, 39

niheinan : heilan I, 1, 98. : einan II, 4, 98.

nioman : scal III, 15, 23.

offan : sprechan I, 25, 15. : ungiscafan II, 1, 6.

rinan : thinan I, 25, 7. : suinan I, 23, 23. : einan III, 9, 9. : sinan IV, 7, 14.

rinnan : giuuinnan III, 25, 36.

riuan : bliuan V, 6, 42.

girochan : thuruhstochan V, 2, 13. : gistochan V, 11, 26.

ruafan : sliafan IV, 26, 47.

sinan : druhtinan H. 28. : uuirkendan I, 4, 7. : bimidan II, 7, 11. : blidan II, 13, 36. : midan III, 20, 134. : minan V, 3, 1.

gisceidan : leidan III. 20, 168.

sprechan : stechan I, 20, 5. : rechan III, 19, 27. 22, 42. : gisuichan IV, 12, 58.

gisprochan : thuruhgan I, 25, 11. : firbrochan IV, 29, 17.

stantan : sconan I, 4, 21.

strengan : bringan IV, 7, 16.

suazan : uuiazan I, 28, 16.

gisungan : bithuuungan I. 1, 35

suntilosan : firliasan IV, 26, 22.

thinan : minan I, 2, 3.

anatindan : gomman III, 14, 5.

uuafan : slafan IV, 37, 7.

uualtan : irstantan III, 7, 6. : gibuntan IV, 5, 14. : haltan IV, 36, 9.

uuan : gidan I, 2, 21. II, 1, 19. 8, 40. III, 16, 37. 18, 36. V, 11, 12. 12, 8. : scinan II, 11, 39 : stan II, 23, 18. : ingan II, 23, 21. V, 6, 28. : gan III, 13, 46. : ufstan IV, 3, 14. : minan IV, 10, 11. : firdan IV, 31, 29.

ubaruuan : thanaquam II, 11, 53.

giuuaran : maran II, 2, 1.

biuuerban : sterban III, 26, 33. : selban IV, 30, 26.

uuerdan : irfindan II, 4, 17. 12, 22. : giborgan II, 17, 19. : biuuerban III, 6, 21. : uuoroltman IV, 7, 47. : uuan V, 20, 89.

uuizan : ezan V, 11, 39.

iruuortan : tuntan III, 10, 25.

uuuafan : loufan III, 24, 45. : ruafan V, 6. 47.

iruuuntan : irstantan V, 4, 47.

gizaltan : altan I, 23, 17. III, 4, 15. : managfaltan IV, 15, 55.

zeizan : heizan I, 4, 30. : giheizan I, 8, 25. 11, 31.

allen : uuillen I, 12, 24. III, 10, 21. 26, 70. : uuollen II, 21, 35. 21, 29. : bifallen II, 24, 19. : iungen III, 6, 40. : follen III, 17, 5. : fallen III, 21, 12. : zellen V, 9, 42. 50.

angusten : inzellen V, 20, 111.

antuuurten : herten III, 18, 11. : uuenten IV, 9, 5. : bifilten IV, 19, 17.

argen : bergen V, 25, 67.
armen : irbarmen III, 10, 22.
arumen : bichumen IV, 35, 30.
bagen : fragen III, 20, 69. V, 20, 33.
beiten : leiten III, 2, 17.
irbiten : umbiriten I, 1, 104.
bliden : bimiden S. 41. III, 26, 68. IV, 37, 36. : gisceiden I, 28, 3. : miden II, 6, 58. : sinen III, 20, 7. 23, 42. : thinen V, 24, 2. 18.
bringen : githingen IV, 37, 33.
brunnen : nennen II, 14, 8. : zellen V, 23, 292.
firdanen : ginadon I, 7, 27.
diofen : ruafen V, 8, 24.
douen : frouen V, 12, 23.
duellen : merren I, 27, 16. : zellen II, 9, 89.
einizzen : iruuizzen III, 22, 12.
eren : leren I, 22, 59. : gikeren III, 26, 20.
faren : gikeren V, 25, 74.
fliehen : giziehen III, 3, 22.
follen : Gallen H. 154.
gifuagen : ruagen III, 17, 22.
irfullen : zellen II, 24, 30. : unuuillen V, 15, 44.
gigahen : nahen II, 16, 22. : gihohen III, 16, 20. : anafahen IV, 37, 3.
missigangen : bifallen II, 21, 38.
gingen : thingen II, 21, 30.
biginnen : singen I, 1, 34. : gisingen I, 1, 109. : frenkisgen I, 3, 46. : thingen II, 12, 80. : irzellen II, 24, 5. : gihengen III, 19, 7. : hengen III, 25, 10. : ringen III, 25, 20. : gigangen IV, 9, 6. : zellen V, 12, 6.
guaten : raten III, 10, 10. : hueten IV, 37, 2.
heizen : ueizen I, 22, 4. IV, 13, 40. : giuueizen II, 7, 37.
huggen : leggen II, 24, 31. IV, 35, 8. : nirzuken IV, 8, 16. : irzuchen IV, 37, 12. : thiggen V, 23, 49. 72.
kleinen : reinen IV, 35, 34.
lazen : riazen V, 4, 63.
leggen : bitheken IV, 5, 32.
firleiben : gikleiben II, 24, 32.
lichamen : diuren I, 7, 4.
giliezen : niezen I, 11, 8.
gilouben : giliuben I, 26, 11. : uaben II, 13, 26. : then III, 20, 75. : liuben III, 26, 13.
lougnen : ougen IV, 18, 27.
firlougnen : goumen V, 25, 13.
luggen : gihuggen II, 23, 8.
luten : doten III, 24, 97.
manegen : hebigen I, 23, 36. III, 17, 1. 18, 1. IV, 20, 16. : gaganen IV, 5, 18. : garauuen IV, 16, 16. : alangen V, 12, 21.
maren : seltsanen III, 25, 8.
gimeinen : bizeinen V, 8, 1.
ungimezen : gimazen V, 10, 24.
minen : sinen V, 13, 4. : lioben V, 20, 94. : thinen V, 24, 20.
mitten : thritten V, 11, 4.
nahen : missifahen III, 7, 10.
ginenden : menden II, 12, 36. III, 26, 67. IV, 37, 35.
ginerien : giuuerien IV, 22, 12. : suerien IV, 18, 29.
ginuagen : fuagen II, 16, 23. III, 7, 8. : ruegen IV, 20, 15. : gifuagen V, 25, 90.
rehten : gislihten I, 23, 27. : uuahten IV, 37, 1.
rechen : brechen IV, 28, 13. : gisprechen V, 20, 34. : theken V, 25, 66.
biruachen : suachen I, 18, 2.
biruaren : gifuaren II, 4, 107. : fuaren IV, 35, 27.
selben : galgen IV, 30, 15. : allen V, 10, 11.
senten : uuenten V, 16, 21.
seren : bekeren V, 20, 113.

11. : zuein II, 7, 5. 8, 17 IV, 4, 7. 15, 25. 31, 1. 33, 32. V, 2, 7. 10, 33. : nihein II, 12, 7. 20, 7. 23, 3. III. 20, 89. 22, 32. V, 19, 62. 23, 261.
nihein : birein I, 5, 38. : zuein II, 22, 1.
thihein : heim II, 4, 13.
stein : ein II, 7, 38. III, 12, 32. 17, 40. 24, 81. : birein V, 4, 26.
azin : nintsazin II, 6, 14. : gisazin IV, 6, 38. V, 10, 15.
erbatin : gidatin V, 4, 17.
gibeittin : leittin IV, 5, 28.
bekin : tharin IV, 11, 14.
gibentin : hentin I, 11, 61.
betotin : thigitin I, 17, 21.
brantin : irqualtin V, 1, 11.
brustin : uuestin II, 6, 22. : lustin V, 2, 10. 3, 13.
burdin : uuirdin IV, 5, 12. 31, 15. : iruullin V, 4, 16.
datin : intriatin I, 27, 11. : minnotin IV, 1, 14. : gizitin IV, 8, 13. : batin IV, 24, 35. : giratin IV, 37, 4. : githahtin V, 3, 14.
druhtin : mahtin H. 77. II, 4, 71. III, 2, 16. 17, 56. IV, 13, 23. V, 17, 3. 23, 27. 57. 129. 171. 183. 193. 205. 219. 231. 241. 255. 269. 283. 295. 24, 1. : min I, 2, 25. : siner I, 7, 9. : sinan I, 7, 19. : nahtin I, 11, 54. : ginuhtin I, 15, 6 III, 15, 8. IV, 14, 3. V, 16, 18. : irfultin II, 8, 35 : sin III, 20, 175. : in III, 24, 41.
giduamtin : giruamtin V, 10, 32.
ehtin : frehtin I, 1, 68.
eregrehtin : uuihtin II, 20, 1. : truhtin IV, 31, 19
ernustin : angustin I, 22, 27.
gifartin : thanafuartin IV, 35, 25.
gifiangin : gigiangin I, 23, 11. : giangin III, 14, 93.
intfiangin : gigiangin I, 27, 21. : giangin II, 1, 46.
missifiangin : giangin II, 3, 37. missigiangin II, 11, 41.
giflizzin : inbizzin II, 14, 12.
biforatin : uuorahtin IV, 7, 73.
gifreuuitin : gistreuuitin IV, 4, 36.
herafuartin : stuantin IV, 17, 18.
funtin : inbuntin IV, 5, 27.
gahin : gisahin II, 14, 94.
gigantin : sagetin I, 13, 19
gigarotin : gagantin I, 23, 13.
irgazin : firliazin V, 21, 4.
gigiangin : fiangin II, 6, 15.
guatin : gifuagtin II, 15, 8. : arabeitin V, 6, 65. : datin V, 12, 42.
habetin : gidragotin IV, 12, 50.
hangtin : giuuangtin IV, 13, 51.
hogetin : gifrumitin IV, 3 13.
gihogetin : lobotin I, 2, 37.
irhogetin : manotin III, 15, 11.
gihortin : fuartin IV, 19, 30.
irhuabin : fuarin I, 27, 70. IV, 4, 8.
gihulfin : anauuurfin III, 18, 70.
giiltin : zitin V, 16, 7.
giltin : gizitin I, 22, 2.
in : firnim H. 48. : zin I, 17, 43 III, 10, 23. IV, 24, 34. : bredigarin I, 22, 23. : min I, 22, 57. III, 22, 24. V, 4, 64. 11, 5. 17, 30. 23, 152. : sin I, 23, 9. 28, 19. IV, 7, 44 14, 15. V, 20, 67. : bin I, 27, 19. III, 16, 62. IV, 12, 19. 16, 47. 21, 11. 29. 36, 8. : in II, 14, 86. 113. III, 16, 51. 23, 28. 25, 39. IV, 9, 9. 18, 12. 20, 9. 23, 30. 34, 6. 35, 5. V, 10, 27. 29. 11, 46. 12, 14. : zaharin III, 24, 9. : tharain IV, 16, 10. : suahtin IV, 16, 44. : purpurin IV, 22, 24.
zin* : sin II, 7, 16. : min III, 8, 47 22, 46. V, 4, 61.

II, 14, 66. : bredigon III, 20, 144.
riuuon : biscouuon I, 28, 4. IV, 18, 4. 33, 4. : giuuon III, 10, 7. : scouon V, 25, 60.
ruachon : buachon H. 40. II, 9, 18. 10, 15. III, 1, 25. IV, 1, 33. : fluachon II, 16, 33. : guallichon III, 18, 39.
samanon : drutthegänon I, 28, 11. : redinon III, 26, 11. : giafolon IV, 7, 43.
gisamanon : fadomon IV, 29, 7.
segenon : redinon III, 1, 1. : rigilon V, 2, 1. : theganon V, 3, 18. 25, 88.
selidon : salidon I, 7, 24. : redinon V, 10, 2.
scouuon : stummon I, 9, 23. : gumon I, 11, 58. : gouuon I, 13, 4. : ougon II, 15, 23. III, 20, 81. 21, 33. IV, 18, 42. V, 20, 59. : frouuon II, 17, 23. V, 10, 22. 23, 288.
anascouuon : bluomon II, 22, 13.
skrannon : koufmannon II, 11, 17.
stankon : biuuankon III, 1, 19.
sterron : irron I, 17, 21.
stunton : alton I, 16, 15. : uuurtun I, 15 22. : lantuualton I, 27, 9. : hanton III, 22, 66. : uuorton IV, 13, 37. : sunton IV, 19, 75. : uuunton V, 10, 31.
gisuason : muason II, 15, 17.
suuerton : uuorton I, 1, 83. 19, 10. IV, 16, 19. : hanton I, 20, 17. IV, 17, 20.
thankon : biuuankon I, 23, 41. : giuuerkon II, 24, 38.
githankon : uuankon II, 21, 8. 24, 15. : thankon III, 6, 50. : biuuankon V, 18, 14. 19, 38.
thingon : gilangon S. 14. : mennisgon I, 3, 44. III, 20, 22. V, 19, 11. 19. 41. 55. 63. : halingon I, 17, 42. : heimingon II, 14, 1. : uuoroltmannon III, 14, 98. : ungiringon III, 18, 12. : selbon III, 20, 94. : salmon IV, 28, 23. : suntaringon V, 8, 40. : gangon V, 9, 6. : klingon V, 16, 2. : minnon V, 23, 10. : gingon V, 23, 42.
niruuannon : kornon I, 28, 10.
uuarbon : adalerbon IV, 6, 8. : selbon V, 23, 180.
uuaron : manon I, 11, 16. : uueuuon III, 16, 28. : diuron IV, 33, 35. : malon V, 2, 3.
uuerkon : thankon L. 25. 30. H. 29. III, 24, 91. IV, 34, 16. V, 25, 25. : biuuankon II, 4, 88. : uuankon II, 23, 11. : githankon II, 24, 35. III, 17, 60. : folkon III, 9, 2. : scalkon IV, 5, 19. 7, 72.
uuibon : uuoroltmagon I, 6, 7. : libon V, 4, 36.
uuidoron : einboronon II, 12, 86. : intredinon III, 12, 42.
uuilon : pinon III, 19, 24. : firdilon V, 25, 62.
uuidaruuinnon : uuarnon II, 3, 56.
uuinton : cessonton III, 14, 57.
uuison : uueison I, 18, 24. IV, 15, 47. : reison V, 16, 1.
giuuon : kindon II, 22, 37. : sibbon III, 15, 15.
uuorton : uuidaruuerton I, 23, 20. III, 16, 26. : alton II, 5, 5. : sunton II, 7, 14. IV, 22, 37. : irrenton II, 9, 74. : spenton II, 15, 20. IV, 12, 48. : managfalton II, 23, 24. : banton III, 12, 41. : renton III, 20, 87. : scoltun IV, 15, 43. : garton IV, 16, 1. : hanton IV, 23, 24. : fianton V, 2, 2. : giferton V, 9, 40. : anafarton V, 20, 96.
uuunnon : brunnon II, 9, 15. 14, 26. : mannon IV, 3, 24.

uuunton : sunton I, 18, 22. II, 9, 85. 17, 3. III, 1, 16. IV, 1, 44.
giziugon : giuuon I, 1, 65. V, 23, 121.
forn : fol H. 126.
zorn : forn III, 18, 72. IV, 17, 25.
abahotun : habetun III, 16, 53. : gihortun III, 19, 19. 24, 110.
altun : zaltun I, 10, 2. 17, 38. V, 6, 19. : irfultun I, 14, 3.
arabeitotun : gimeitotun V, 13, 5.
firbarun : barun IV, 6, 6.
beitun : gileitun V, 10, 14.
betotun : thigitun I, 17, 62. : gisitotun V, 16, 10.
gibetotun : gientotun I, 22, 7.
bitun : iltun V, 4, 10. 5, 4.
bibrahtun : nahtun III, 4, 1.
brungun : zungun IV, 20, 40.
giburgun : uurbun IV, 35, 38. : biuurbun V, 4, 58.
datun : batun II, 14, 114. 24, 10. V, 25, 8. 21. : ahtun II, 16, 39. : ruartun III, 8, 9. : giuuerkotun III, 13, 38. : quatun IV, 22, 29. : martun IV, 36, 23. : irknatun V, 10, 35. : zuiuolotun V, 11, 27. : rietun V, 21, 17,
gidatun : irknatun V, 13, 2.
indatun : giquadun III, 24, 88. : dotun IV, 34, 3. : irknatun V, 10, 18.
gidottun : martolotun IV, 6, 54. V, 4, 43.
gieinotun : gideiltun IV, 28, 2. : guatun V, 8, 6.
fragun : biquamun IV, 16, 43.
gifrumitun : firiagotun H. 102. : gihugitun I, 22, 6.
fuagtun : ruagtun III, 17, 54.
fualtun : ruartun V, 20, 93.
fuarun : uuarun I, 22, 5. III, 15, 13. 26, 36. IV, 7, 65. : nidarfialun IV, 16, 42.
funtun : gibuntun IV, 17, 26. : buntun IV, 19, 73. : biuuuntun V, 5, 11.

furistun : **iungistun I, 27, 7.**
gahun : anasahun I, 12, 5. IV, 24, 14. V, 10, 26. : sahun I, 17, 19. II, 3, 17. 8, 25. 24, 10. III, 2, 32. 13, 47 24, 69. V, 4, 34. 17, 23. : anaquamun I, 17, 29. : gisahun I, 17, 55. II, 6, 49. 11, 60. III, 20, 29. 24, 106. IV, 16, 29. 17, 27. 23, 15. V, 4, 19. 5, 15. 16, 14. : uuarun I, 22, 31. II, 23, 27. : hintarquamun III, 13, 55. : quamun III, 14, 62.
alagahun : zuasahun III, 6, 37. : gisahun III, 24, 72. V, 10, 19.
giangun : intfiangun II, 7, 15. : gifiangun III, 24, 44. IV, 16, 3.
gigiangun : bifiangun III, 8, 11.
ingiangun : gifiangun V, 13, 6.
bigruabun : irsluagun V, 4, 42. : giuuuagun V, 6, 22.
bigunnun : gisunnun H. 69. : zungun I, 1, 114.
habetun : gisagetun I, 13, 16.
irharetun : forahtun III, 8, 25.
herasun : sun I, 19, 21. 22, 49. II, 3, 26. 4, 29. 55. 6, 48. 7, 11. 45. 67. 12, 62. 72. 13, 29. III, 7, 88. 12, 26. 20, 173. IV, 7, 40. 52. 23, 25. 30, 17. V, 17, 19. 20, 5.
gihortun : datun I, 9, 37. III, 16, 73. : intrietun I, 13, 15. : iltun I, 17, 53. : fiartun III, 17, 46. : kertun III, 24, 74. : biskrankolotun IV, 16, 41.
irhuabun : fuarun III, 15, 34. : sluagun IV, 6, 7. : insuabun IV, 24, 3.
irkantun : gizaltun I, 13, 23. : biuuantun II, 2, 27. : scanktun II, 8, 41.
klagotun : gagantun II, 14, 76. : lebetun V, 6, 44.
quamun : umbibisahun I, 22, 19. : firnamun II, 14, 112. : uuarun II, 15, 3. III, 9, 8. 24, 105. : gisahun V, 13, 31.

qualtun : drangtun IV, 33, 19.
irqualtun : firsaltun V, 9, 29.
quatun : datun III, 26, 2. V, 4, 6. : batun V, 10, 13. : nirknatun V, 10, 28.
quattun : thagtun IV, 4, 18.
analagun : uuagun IV, 1, 46.
gilebetun : lobotun I, 1, 126.
liafun : riafun III, 1, 13.
firliazun : sazun III, 8, 16. : hiazun IV, 6, 50.
gilungun : zungun I, 2, 36.
manotun : ladotun IV, 6, 28.
mariun : richun I, 3, 31. : frouuun I, 5, 7. : thiarnun I, 7, 25.
gimeintun : irdeiltun IV, 6, 13.
firmistun : uuestun V, 10, 25.
mohtun : dohtun III, 20, 68. 21, 21. : ufirrihtun IV, 27, 18.
murun : drutthiarnun I, 3, 28.
nagultun : gisitotun IV, 27, 7.
namun : bramun II, 9, 84. : irgabun IV, 21, 16.
firnamun : quamun IV, 5, 66. 16, 53. V, 17, 1. : biquamun V, 6, 7.
ginuzzun : flizzun H. 19.
ondun : irbondun IV, 4, 70.
ougtun : thanarouftun I, 20, 11.
irougtun : goumptun I, 13, 14.
ougun : giscouuotun I, 15, 17.
rachun : stachun V, 4, 44.
redinotun : hortun III, 12, 9.
giredotun : gisagetun IV, 14, 11.
riatun : giziartun I, 1, 54. : nintriatun IV, 20, 7.
giriatun : iltun I, 27, 13.
rietun : gidatun I, 27, 69. II, 1, 16. 20. 24. 28. 32. : miattun IV, 37, 25.
ruahtun : suahtun I, 23, 35.
ruun : bluun IV, 34, 21.
ruzun : uzfluzzun I, 20, 9.
sagetun : zelitun I, 1, 51. IV, 16, 46. 21, 8. V, 9, 45 : tharaladotun IV, 6, 20. : gizelitun V, 9, 37. : habetun V, 13, 11.
gisahun : tharaquamun I, 13, 9. II, 7, 21. : quamun I, 17, 59. : hintarquamun III, 8, 23. IV, 4, 71.
salbun : uuarbun V, 4, 13.
sazun : mazun II, 11, 14. : gazun III, 6, 43. IV, 11, 1. V, 15, 1. : azun IV, 10, 2.
sertun : fragetun V, 7, 18.
scuafun : riafun III, 9, 13.
stuantun : munizotun II, 11, 13. : scouuotun IV, 35, 23. : luagetun V, 18, 1.
bistuantun : fuartun III, 22, 9.
gistultun : irfultun I, 11, 29.
sun : liazun I, 22, 10. : grun I, 22, 26. : heimortsun II, 4, 73. : gilouptun II, 12, 85. : thiarnun V, 12, 29.
sungun : zungun I, 1, 125. : saligun I, 5, 18. : giangun IV, 5, 61.
gisungun : edilzungun I, 1, 53. : zungun I, 1, 122.
sunnun : uuunnun III, 14, 63.
thahtun : brahtun III, 17, 8. IV, 4, 14. : bibrahtun IV, 1, 22.
githahtun : tharabrahtun I, 14, 20. : brahtun I, 17, 64. : frambrahtun IV, 30, 22.
tharasun : sun I, 14, 16. II, 7, 6. 74. III, 2, 22. 20, 180. : drutsun II, 9, 41. : herasun V, 23, 46.
'thultun : fultun V, 23, 192.
uuarun : firdanun H. 121. : ruuuun I, 10, 23. : farun III, 17, 7. 22, 10. : barun III, 20, 77. 90. : sluagun IV, 6, 19. : furifuarun IV, 30, 5. : quamun IV, 34, 26. V, 12, 48.
uueritun : sagetun I, 14, 18. : irforahtun II, 11, 30.
uuialtun : gihialtun IV, 7, 68. : bihialtun IV, 36, 21.
uuisun : herasun H. 107. : sun II, 1, 34. 9, 34. 87. 97. 12, 68. : freisun

II, 12, 25. III, 4, 22. : tharasun V, 18, 6.
uuizun : flizun III, 16, 32. : sazun V, 8, 2.
uuoltun : folgetun I, 22, 15. : scoltun III, 15, 25. IV, 6, 51. : gistiltun III, 16, 54 : gistultun III, 16, 67 : zaltun III, 22, 65. IV, 27, 5.
uuorahtun : forahtun III, 8, 38. 20, 102. IV, 31, 11. V, 20, 8. 22, 6. : minnotun V, 20, 50.
biuurbun : irsturbun V, 23, 64.
uuurtun : bifuntun V, 6, 26. : funtun V, 23, 281. : uuoltun V, 24, 9.
uuurzelun : bluomun I, 3, 27.
zaltun : dualtun I, 1, 58. : uuoltun III, 15, 41. 43. : nantun III, 15, 47. IV, 8, 2. 16, 37. : managfaltun V, 21, 19.
gizaltun : irfultun I, 16, 21. V, 23, 89. : scoltun III, 22, 52
zelitun : scoltun I, 17, 74. : sagetun II, 14, 56. : legitun III, 7, 56. : habetun III, 20, 88. : tharalegitun V, 5, 12.
nirzelitun : thingotun V, 23, 237.
zetitun : legitun IV, 5, 4.
zilotun : holetun II, 14, 11. : merotun IV, 7, 75. : gizeinotun IV, 36, 17.

O.

aleibo : leibo III, 6, 55.
giloubo : scouuo I, 18, 7. : liobo III, 23, 8. IV, 13, 28. : biscouo V, 23, 227.
selbo : gelbo I, 23, 64. IV, 29, 27. : tho III, 2, 37.
uuibo : giloubo III, 23, 24. : zeisosto I, 5, 16.
baldo : selbo III, 8, 30. : holdo III, 20, 73. : uualdo IV, 5, 54.
lindo : kindo I, 20, 30 : selbo I, 25, 9. : gisindo IV, 12, 42. : tho IV, 12, 55. : samasindo V, 9, 9.
gango : boralango II, 11, 3.
lango : iungo I, 20, 31. : thingo II, 23, 28. IV, 21, 2. V, 17, 37. : gizango IV, 26, 27.
managò : garauuo I, 18, 23. IV, 15, 42.
giringo : thingo II, 14, 78.
giuuago : uuizagon I, 3, 27.
hoho : scono I, 15, 38. III, 6, 12. IV, 19, 54.
io : io I, 17, 25. : uuio III, 18, 45. : knio IV, 22, 25.
githanko : franko L. 13. 17. : uuerko II, 17, 24. 20, 6. III, 14, 43. 26, 46. IV, 5, 57. : giuuanko III, 19, 36.
baldlicho : theganlicho IV, 13, 21.
duacho : uuirkento I, 5, 11.
herlicho : guallicho IV, 19, 55.
gilicho : lioblicho L. 52. : guallicho I, 1, 3. 13, 24. : forahtlicho I, 15, 24. II, 4, 96. V, 20, 12. 20. : driulicho I, 16, 10. : giuuarlicho I, 17, 47. II, 5, 4. : frauualicho I, 17, 56. II, 9, 14. 13, 14. 16, 32. : herlicho I, 19, 8. : kraftlicho I, 23, 34. 11, 10. IV, 7, 42. V, 4, 23. : baldlicho I, 27, 40. : gomilicho I, 27, 47. : lugilicho II, 4, 62. : blidlicho II, 4, 64. : drugilicho II, 6, 13. : geistlicho II, 10, 16. 14, 70. V, 23, 203. : ungiseuuanlicho II, 12, 44. : garlicho II, 21, 26. : follicho II, 23, 6. III, 22, 18. : uuenaglicho III, 10, 14. : giuuaralicho III, 16, 22. : gilicho III, 20, 36. V, 25, 56. : iamarlicho III, 24, 8. : theganlicho III, 26, 40. : suazlicho IV, 1, 18. : kuninglicho IV, 22, 28. : liublicho IV, 29, 35 37, 18.

richo : blidlicho S. 29. : gilicho I, 27, 36. II, 22, 15. : guallicho V, 20, 13.
follo : uuallo S. 8. : allo II, 13, 16. : uuillo II, 14, 101. V, 23, 111.
grubilo : ubilo V, 25, 64.
heilo : adeilo II, 7, 26.
himilo : oboro V, 18, 19.
seilo : eino IV, 19, 4.
snello : follo L. 1. : uuillo III, 4, 31. 24, 39. IV, 37, 30.
stillo : muatuuillo I, 18, 14. 22, 16. II, 12, 41.
andremo : gerno IV, 11, 50. : ango IV, 12, 14. : sliumo V, 10, 23.
kumo : tho III, 24, 50. : rumo V, 17, 39.
rumo : oliboumo IV, 3, 22.
scimo : sino II, 12, 93.
sliumo : riuuo I, 23, 55. : diuro I, 25, 3. : giriuno I, 9, 19. 27, 35.
brunno : uuunno III, 14, 81
giebono : frumono III, 22, 30.
eino : adeilo I, 1, 115. : kleino I, 22, 36. : reino II, 4, 20. IV, 35, 35. : bizeino II, 9, 76. : tho II, 14, 13. : gizeino IV, 7, 46. : meino IV, 17, 28. : eino V, 7, 15.
gerno : fergo L. 31. S. 34. : garno I, 5, 12. IV, 29, 33. : ungerno I, 17, 32. : therno IV, 22, 22.
gomono : eristo I, 3, 5
manno : lango I, 15, 49. : gerno I, 27, 33. 49. II, 1, 45. 8, 47. III, 13, 27. IV, 6, 25. 18, 15. V, 15, 43. 23, 35. : minno II, 19, 12.
gimeino : zeino V, 8, 39. : kleino V, 17, 2. : biuueino V, 23, 246.
mino : sino L. 10 : dilo I, 2, 20.
redino : oboro L. 22. : euangelio H. 2. : forasagono II, 18, 3.
reino : kleino I, 1, 27. 27, 64. V, 9, 56. : gimeino III, 18, 16 : zeino V, 3, 11.
sibino : drutbotono I, 4, 59.
scono : frono L. 58. I, 1, 29. 3, 1. 5, 33. 46. 72. 12, 34. 17, 57. II, 4, 56. 11, 57. III, 1, 12. 13, 41. 16, 3. IV, 2, 18. 19, 51. 29, 23. 34, 14. 35, 31 V, 8, 3. 17, 16. : unhono H. 59. II, 4, 21. : fordrono I, 4, 41. : gilono II, 21, 5. : hono III, 20, 116. : sino IV, 7, 81. : selidono IV, 9, 8. : iudeono V, 6, 30.
githigano : drutthegano II, 9, 12.
thino : pino I, 23, 62.
uuolkono : frono I, 5, 6.
ferro : sterro I, 27, 23. 54. II, 3, 19. V, 17, 35.
fro : tho II, 8, 9. III, 2, 29. 20, 174. : so V, 11, 28.
unfro : tho V, 15, 30.
gifuaro : huaro II, 19, 2.
iaro : manegero I, 4, 49. 16, 2. : altero I, 22, 1. : suaro III, 4, 16.
offonoro : iudeono III, 15, 48.
sero : suaro IV, 25, 7. V, 20, 88.
scioro : zioro L. 20. I, 4, 19. 21, 15. II, 7, 54. 11, 49. IV, 4, 29 V, 13, 29. : diuro IV, 2, 22. : alazioro IV, 15, 48.
uuaro : maro IV, 27, 25.
giuuaro : zioro H. 15. III, 20, 43. : bedero H. 50. : maro H. 75. II, 7, 7. III, 6, 51. 12, 13. 13, 51. 18, 29. 23, 22. V, 12, 83. 20, 91. 25, 69. : suaro II, 19, 5. III, 8, 12. 12, 16. 21, 9. V, 11, 25. 20, 110. 23, 92. : iaro III, 15, 14. 18, 55. : fordorono III, 20, 10. : heidenero V, 6, 4.
zaharo : suaro V, 23, 103.
ziaro : thiono I, 2, 41.
zioro : stuolo IV, 9, 13.
so : uuasso I, 1, 84. : egiso V, 4, 22. 39

giuuisso : so H. 13. III, 1, 41. 5, 15. 6, 13. 10, 35. 18, 47. 24, 23. IV, 19, 33. 29, 2. V, 9, 31. : uuasso III, 13, 20. IV, 17, 11. : gisezzo IV, 12, 31. : fisgo V, 13, 35.

tho : fro I, 2, 9. : irbolgono I, 4, 57. : redino II, 14, 35. : gidougno III, 15, 35. : iudono III, 23, 27. V, 11, 1. : ferro IV, 18, 1.

alto : ginanto I, 15, 25. : harto III, 18, 49. : uuorto V, 6, 13.

dato : thrato II, 12, 3. III, 11, 3. 13, 56. 14, 32. 17, 68 V, 9, 26. 12, 52. : drato III, 20, 103. 108. 26, 4. IV, 4, 72. 7, 9. V, 19, 39. 20, 18. : boradrato IV, 24, 28 : spato V, 6, 71. : bigonoto V, 19, 12. 20. 42. 56. 64.

undato : thrato IV, 23, 4. : drato IV, 23, 12.

drato : dato III, 20, 42. 24, 111. IV, 1, 10. 29. 35. 11, 20. 22, 8. 26. : ginoto III, 20, 130. : doto III, 24, 68. : firndato V, 21, 3.

euuarto : ginanto I, 4, 2.

fasto : resto I, 28, 18.

guato : gimuato L. 33. 95. S. 47. I, 11, 51. 27, 15. II, 3, 23. 5, 6. 21, 27. 23, 16. III, 4, 11. 7, 1. 23, 43. IV, 35, 17. V, 14, 25. : gotuuuato I, 19, 18. : friunto III, 4, 23. : drato III, 23, 5. V, 15, 17. : gimeinmuato IV, 4, 53. : arabeito V, 23, 11. 79. 95. 105. 115. 145. 157

harto : uuorto S. 12. H. 37. 147. I, 2, 8. 4, 70. 12, 6. 15, 21. 17, 30. 18, 4. 19, 11. 22, 37. 24, 3. II, 3, 33. 4, 69. 95. 9, 2. 93. 10, 17. 12, 21. 14, 73. 82. 21, 16. 17. 23, 1. 7 III, 12, 27. 13, 12. IV, 1, 17. 8, 5. 12, 14. 22. 13, 32. 39. 19, 14. 23, 11. 29. 30, 4. 31, 6. V, 7, 48. 9, 25. 10, 9. 12, 81. 14, 3. 15, 37. 16, 12. 21, 1. 25, 9. : euuarto I, 4, 23. 72. IV, 19, 43. : uuidaruuerto II, 3, 60 IV, 13, 15. V, 2, 15. : managfalto IV, 9, 29. 32. 26, 25. : ferto V, 17, 24.

herosto : furisto I, 27, 56. : frauuilo IV, 19, 16.

knehto : rehto III, 20, 33. 23, 57. IV, 16, 13. 18, 7.

liuto : noto I, 14, 9. : diurto II, 12, 2. : thrato II, 14, 111. : tho III, 16, 69. : ilonto IV, 12, 53. : roto IV, 25, 10.

lantliuto : gidiurto I, 10, 3. : githiuto II, 7, 68 : luto IV, 26, 5.

luto : druto IV, 12, 34. : liuto IV, 24, 13. : thrato IV, 26, 7.

gimuato : guato L. 43. 81. S. 32. 15, 12. II, 2, 16. III, 6, 26. 24, 35. IV, 4, 48. V, 8, 16. 12, 35. 23, 125. : druto H. 111. : broto III, 6, 54. : dato III, 14, 42.

munto : uuunto III, 1, 34.

noto : thioto V, 6, 51.

ginoto : druto H. 109. : thioto I, 1, 11. : liuto III, 6, 38. IV, 24, 4. : dato III, 20, 119. 26, 8. V, 23, 136. : doto III, 24, 60. : zito IV, 7, 28. 18, 37. : drato IV, 7, 53. V, 13, 16. 23, 90. : gizito IV, 7, 90. : fianto IV, 7, 10. 14. : thrato V, 7, 2. 19, 29. : arabeito V, 23, 161. : muato V, 23, 223.

unnoto : zito II, 4, 3.

ginuhto : uuihto IV, 2, 33.

ofto : mezhafto II, 4, 92. : rediafto II, 9, 92. : unredihafto II, 11, 6.

unrehto : ahto III, 16, 45.

spato : thrato I, 4, 75. : noto I, 4, 84. : dato IV, 34, 20.

githiuto : liuto I, 1, 101. 3, 20. 5, 29. II, 12, 53. 24, 8. IV, 27, 26. : lantliuto I, 15, 20. IV, 4, 44.

thrato : dato L. 37. H 71. 119.

152. II, 12, 89. 13, 17. 17, 20. 18, 12. III, 20, 96. 23, 1. IV, 26, 48. 33, 1. V, 25, 84. :guato S. 28. H. 35. 132. :druto H. 106. :arabeito H. 113. :mammonto II, 14, 42. :ubildato III, 20, 113. :missidato IV, 31, 31. V, 25, 25.

uuorto :harto I, 1, 107. 117. 13, 22. 21, 12. 22, 35. 23, 57. 25, 4. 27, 36. 44. II, 2, 4. 9, 46. 57. 11, 58. III, 8, 44. 17, 4. 26. 19, 14. 20, 162. 24, 12. IV, 5, 8. 7, 23. 13, 12. 15, 1. 29, 21. V, 12, 1. :uuidaruuerto II, 4, 93. 104. :managfalto IV, 15, 8. V, 9, 53. 12, 84. :drurento V, 9, 14.

garauuo :samano I, 27, 67.

uueuuo :sero V, 23, 91.

einluzzo :nuzzo I, 5, 40.

fazzo :uuizzo II, 9, 19.

grazzo :hazzo II, 19, 11. 16.

heizo :agaleizo II, 22, 41. III, 15, 37. 17, 37. IV, 13, 5. :sculdheizo III, 3, 5. 34, 15. :ginozo IV, 13, 34. :cruzo IV, 23, 18.

suazo :giheizo I, 15, 4. :zeizo II, 8, 15. :grozo III, 5, 20. :fuazo III, 7, 12. V, 8, 25. :fuazon I, 27, 59.

thriosezzo :gimazzo II, 8, 38.

R.

gidar :al S. 33.

erachar :uuachar I, 19, 16.

fuar :spuan III, 14, 13.

iar :suar L. 54. :uuar L. 60. I, 19, 24. 20, 7. III, 20, 31. :alauuar II, 12, 55. :meistar IV, 11, 45. :iamar V, 23, 169.

meistar :bigan IV, 2, 31. :sar IV, 16, 51.

sar :alauuar I, 4, 66. 17, 38. II, 4, 75. 12, 92. 14, 25. 18, 5. 22, 42. III, 14, 77. 24, 25. IV, 12, 25. 15, 50. 19, 20. 24, 10. V, 15, 38. :iar I, 5, 1. :uuuntar I, 12, 7. :hiar IV, 14, 13. :uuan IV, 21, 9. :uuazar IV, 33, 31.

suuar :alauuar I, 18, 26. :hiar III, 5, 21.

thar :sar L. 24. H. 92. I, 7, 23. 9, 6. 13, 13. 14, 8. 14. 23. 16, 7. 19, 5. 22, 8. 22. 32. 27, 24. II, 1, 9. 15. 19. 23. 27. 31. 39. 3, 15. 4, 99. 7, 40. 8, 2. 9, 61. III, 1, 35. 8, 17. 14, 41. 58. 20, 101. 23, 26. 24, 62. 103. IV, 2, 7. 4, 10. 9, 15. 12, 1. 38. 15, 11. 16, 55. 19, 26. 32. 30, 11. 13. 35, 10. V, 7, 6. 19. 13, 7. 30. :iar L. 92. S. 40. I, 2, 56. 15, 2. 16, 1. 19, 28. :untar H. 143. :kuphar I, 1, 69. :uuuntar I, 4, 71. III, 13, 44. :gidan II, 9, 82. :meistar II, 14, 95. IV, 6, 37. :uuazar III, 20, 25. :iamar IV, 26, 8. 32, 6. :lastar IV, 30, 23. :hiar V, 21, 13. :hungar V, 23, 78.

uuakar :thar IV, 7, 66. 67. :hiar IV, 7, 83

uuar :sar L. 19. H. 45. 103. I, 9, 17. 16, 25 27, 34. II, 3, 38. 4, 105. 7, 17. 29. 46. 51. 59. 14, 48. 49. III, 2, 3. 35. 3, 26. 8, 35. 11, 9. 16, 11. 18, 5. 9. 20, 23. 48. 79. 165. 22, 14. 23, 49. 26, 9. IV, 4, 12. 63. 9, 3. 12, 43. 15, 9. 18. 16, 27. 39. 18, 41. 19, 34. 21, 35. 30, 28. 36, 4. V, 4, 9. 5, 1. 8, 51. 25, 81. :thar H. 68. 141. I, 15, 42. 19, 25. II, 8, 55. 11, 8. 13, 39. 14, 19. 63. III, 6, 9. 7, 39. 9, 18. 13, 36. 14, 27. 17, 49. 20, 59. 23, 58. 25, 33. IV, 3, 11. 4, 27. 9, 28. 11, 13. 46. 13, 11. 15, 20. 16, 17. 18, 23. 19, 1. 20, 2. 23, 40. 28, 18. 29, 59. 35, 41. V, 6, 24. 56. 7, 10. 51. 9,

44. 11, 6. 13, 3. 14, 14. 19, 46. 20, 42. 22, 13. 23, 262. : suangar I, 5, 37. : hungar II, 4. 4. V, 20, 73. 86. 105. : suar II, 16, 40. IV, 24, 16. : dufar II, 22, 31. : altar III, 20, 93. : hiar IV, 2, 34. V, 4, 45. 25, 87. : suntar IV, 6, 41. : iamar V, 6, 40.

alauuar : thar L. 44. I, 26, 7. II, 3, 4. 8, 23. 9, 25. 14, 65. 22, 16. 23, 23. III, 1, 7. 4, 9. 7, 28. 11, 2. 27. 14, 80. 19, 21. 21, 25. IV, 6, 35. 7, 41. 19, 44. 27, 9. 30. V, 20, 24. 20, 43. 23, 126. : uuar I, 1, 87. : hiar IV, 6, 26.

uuuntar : suntar I, 14, 22. 22, 13. II, 7, 71. III, 1, 2. 14, 69. 20, 158. 160. 23, 3. 24, 102. IV, 1, 19. 4, 31. 7, 6. 15, 49. 36, 7. V, 1, 1. 10. 39. 5, 14. 6, 55. 8, 5. 54. 12, 15. 32. 20, 1. : bar II, 3, 7. : uuoroltaltar II, 9, 21. : gidan II, 9, 39. : altar III, 18, 54. : man III, 20, 145. : uuar IV, 1, 30.

alter : irfulter I, 10, 1. : gizalter I, 11, 9. 15, 1. : herter III, 7, 29.

ander : gilanger II, 7, 23. : mer IV, 31, 5. : ser IV, 32, 4. : er V, 6, 27. 7, 16.

giboraner : iuer III, 20, 82. : honer III, 20, 163. : er III, 21, 3.

diurer : liuber I, 25, 17.

einer : gilanger III, 6, 25. : mer III, 6, 27. V, 22, 15. : reiner IV, 32, 5.

er [pron., und zwar nur an diesen 4 stellen] : muater I, 11, 26. : er (adv.) I, 27, 55. : scanter II, 5, 14. : dohter III, 14, 7.

er : unser H. 144. : siner I, 3, 48. : ser III, 13, 40. 24, 13. 75. IV, 4, 3. V, 7, 53. : niheiner III, 14, 11. : muater III, 20, 5. : bilibaner III, 23, 50. : suester III, 24, 3. : bigrabaner III, 24, 2. 84. : manager V, 23, 151. : ubiler V, 25, 78.

bifilter : gibismeroter IV, 23, 6.

fruater : guater I, 8, 10. II, 12, 1. : muater I, 22, 11. II, 12, 24.

ganzer : halzer III, 4, 14.

guater : muater I, 5, 14. 69. 12, 14. 15, 33. 17, 60. 19, 2. 22, 46. II, 4, 25. 8, 7. 11, 1. III, 10, 46. IV, 32, 8. V, 12, 19. : gimyater II, 7, 24.

hebiger : mer I, 27, 5. IV, 13, 47. : siner IV, 1, 29. : ther IV, 22, 13.

heiler : mer III, 4, 45. : einer III, 12, 18. : niheiner III, 21, 27.

hoher : liuber I, 4, 33. : thiner II, 21, 28.

iamer : mer II, 24, 42. : ser IV, 1, 53. 12, 26. V, 23, 6. 217.

liober : niamer I, 18, 46.

marer : gidaner I, 3, 6.

mer : diufer II, 14, 29. : iuer II, 16, 34. 17, 21. 22, 19. 39. IV, 24, 12. : er II, 18, 23. III, 16, 8. 36. V, 6, 15. 14, 2. : siecher III, 2, 4. : siner III, 13, 50. : fremider III, 18, 14. : unser III, 18, 43. : suester III, 23, 13. : bruader IV, 6, 32. : ander V, 15, 4. : foller V, 19, 30.

miner : gifuagter I, 7, 3. : siner III, 20, 50.

muater : giuuihter I, 4, 36. : guater I, 6, 4. 15, 26. 21, 20. 22, 23. III, 1, 44. 16, 58. 20, 78. V, 12, 28. : dohter I, 6, 5. : er II, 14, 7. : hangenter IV, 32, 11.

redihafter : tharafter IV, 4, 38.

ser : bruather H. 34. : mer I, 16, 8. 22, 47. II, 6, 2. III, 5, 11. 10, 8. 28. 11, 7. IV, 26, 31. V, 7, 27. 14, 12. 16, 46. 23, 67. 93. : manager II, 16, 10. : bruader III, 23, 15. 24, 21. : gisuester III, 24, 55.

siner : sprechanter I, 9, 29. : blider I, 15, 14.
sper : giuuer IV, 17, 9.
suester : ser III, 24, 7. : fuler III, 24, 83.
unser : riazanter III, 24, 63.
furdir : mir S. 45. IV, 10, 6. V, 1, 34. 12, 38. 19, 15. 20, 40. : rindir II, 11, 16 : thir III, 13, 13. 17, 58.
mir : thir H. 8. I, 2, 24. 6, 12. 18, 28 II, 4, 80. 7, 30. 14, 61. 80. III, 4, 27. 8, 34. 41. 10, 9. 29. 14, 36. 16, 18. 17, 53. 20, 178. IV, 5, 34. 11, 31. 21, 14. 23, 35. 28, 19. 31, 25. V, 2, 9. 15, 27. 32. : ir III, 22, 20. IV, 19, 53. 20, 34. : dir IV, 21, 7.
thir : thir III, 7, 83. : mihil III, 15, 39. : uuir III, 16, 29. 18, 13. 22, 11. IV, 5, 5. 31.
reinor : kleinor III, 20, 64.

S.

anablias : gihiaz V, 12, 59.
muas : giduas III, 7, 73. : duas III, 7, 79.
uuas : las I, 4, 3. II, 4, 61. : uuas I, 4, 76. 16, 17. : niheinaz I, 20, 8. : baz II, 6, 56. : uuazarfaz II, 8, 27. : faz II, 8, 43. : lucas III, 13, 53. : iudas IV, 2, 21. 16, 9. : thomas IV, 15, 15. : gisaz V, 18, 11. : fulaz V, 24, 12.
anauuas : thaz I, 15, 5. 16, 27.
alles : falles I, 23, 60. IV, 7, 19. : feldes II, 6, 11. : uuolles II, 23, 4. III, 13, 24. IV, 15, 17. 19, 12. : inganges III, 12, 38. : mannes IV, 18, 10. : thinges V, 11, 45.
brotes : bietes II, 22, 32.
gidanes : seltsanes IV, 28, 6.
tothes : heimortes III, 26, 51.
dothes : thes IV, 30, 16.
todes : ses V, 8, 50.
ediles : sedales S. 2.
fartes : uuortes II, 13, 11. : lantes III, 26, 18. : suertes IV, 14, 8. : heimortes IV, 34, 22. 35, 39. : mithontes V, 13, 36.
fillennes : brennenes V, 23, 66.
giflizes : uuizes IV, 30, 18.
gifuares : frammortes IV, 8, 27.
geistes : giheizes I, 15, 8. : drostes V, 12, 56.
biginnes : heiminges I, 19, 7. : bringes II, 18, 19. : thinges II, 21, 1. : sindes V, 19, 60.
guates : muates L. 68. S. 24. III, 24, 57. IV, 7, 26. V, 12, 90. : gimuates II, 2, 38. : bluates III, 14, 28. : drostes V, 20, 103.
gihaltes : giuualtes IV, 4, 51. : uualtes IV, 37, 1.
heiles : fehtannes I, 10, 5.
heimortes : lantes I, 21, 6.
urheizes : lazes IV, 24, 8.
himiles : thes H. 159. : liphaftes I, 5, 24. : fliazentes V, 24, 5.
hornes : galmes V, 19, 25.
huses : thionostes V, 25, 16.
kuninges : firdanes I, 4, 1. drutheganes I, 10, 6. : manages IV, 4, 43.
leides : gisceides II, 24, 18. : les III, 24, 76.
gilepphes : giscepphes II, 14, 28.
les : dothes II, 11, 47. : githuingnisses IV, 7, 29. : githigines IV, 16, 8. : halsslagonnes IV, 19, 72. : uuortes IV, 26 18. : uuerkes IV, 28. 11. : alles V, 1, 43. : uueinonnes V, 7, 21.
leuues : maneges I, 18. 19. : seres III, 1, 17. : seuues IV, 35 16. : nibulnisses V, 19, 27.
libes : liobes I, 16, 20. : uuibes I, 8, 15.
lides : uuines II, 8, 11. : mez II, 9, 95.

liutes : uuoroltthiotes I, 2, 34. : uzmertes I, 4 15. : irrentes I, 4, 37. : heimortes I, 4, 78.
mannes : hammes III, 4, 8. : alles V, 24, 6.
muasès : mannes III, 6, 4. : thes IV, 9, 20.
muates : guates S. 11. 48. I, 2, 53. II, 9, 10. 12, 20. 70. 24, 28. IV, 12, 2. 13, 30. V, 15, 14. 23, 114. : anluzzes I, 5, 17. : thes II, 16, 37. V, 20, 83. : giduachtes IV, 29, 10.
nahtes : rehtes I, 16. 13. II, 12, 5. IV, 7, 84. 15, 54. 19, 18.
ginates : gibosotes IV, 28, 7.
paradises : irscines IV. 4, 52.
rehtes : redihaftes IV, 15, 19.
kristes IV, 29 11.
riches : himilriches S. 37. III, 26, 22. : susliches IV, 20, 29.
ruafentes : uualdes I, 23, 19. : uuuastuualdes I, 27, 41.
girustes : girestes I, 1, 50.
sarphes : gelphes I. 23, 25.
seres : bikeres IV, 13, 19. : leuues V, 9 35.
sindes : kindes I, 17, 11. : heimortes I, 13, 21. : heiminges II, 5, 10. III, 26, 17. : thinges III, 17, 50. : zinses IV, 6, 30. : findes V, 10, 8. : suimmanes V, 13, 25.
gisindes : findes IV, 18, 8.
sines : paradises H. 46. : mines V, 4, 56 : nides V, 25, 70.
sinthes : heiminges I, 16, 22. 21, 8. : kindes I, 19, 1. 22, 20. III, 1, 36. : ginendes III, 4, 28.
gisiunes : scones I, 12, 32. : mines V, 7, 62.
insliazes : gilazes III, 12, 40.
bisuiches : gisuiches III, 13, 17.
thankes : scalkes III, 3, 23.
githenkes : uuirkes II, 21, 2. : scalkes IV, 31, 22.
thes : libes L. 74. H. 16. : muntes L. 82. : lesannes S. 7. : thankes H. 164. : kuninges I, 5, 28. : drinkannes II, 14, 15. : suaches II, 14, 58. : thinges II, 14, 81. : ginuages II, 22, 11. : gifarannes II, 22, 24. : fisges II, 22, 33. : eies II, 22, 36. : mithontes II, 24, 12. : liobes III, 2, 27. : himiles III, 12, 37. : heimortes III, 14, 47. : ferahes III, 14, 106. 23, 31. : uuisduames III, 16, 6. : girihtes III, 17, 20. : alles III, 20, 123. : ubiles III, 20, 140. : huses III, 22, 5. IV, 7, 2. : mines III, 22, 17. : nahtes III, 23, 37. : sindes III, 24, 104. : liutes IV, 8, 12. : redihaftes IV, 29, 53. : suliches V, 9, 21. : forahtennes V, 23, 138. : thes V, 23, 139. : urdeiles V, 24, 13.
thines : mines I, 2, 6. : uuihes I, 6, 8.
githinges : heiminges III, 1, 43.
thiotes : gibiotes II, 14, 18.
uuares : abrahames H. 138. : iares III, 25, 22. 31.
uuartes : haltes I, 19, 12.
uuerkes : thankes III, 14, 101. : unthankes IV, 1, 36.
uuiges : heries IV, 12, 59.
niuuihtes : irrihtes II, 11, 39.
uuiches : guatigiliches II, 7, 48. : himilriches IV, 5, 38.
uuines : niheines I, 4, 35.
uuolles : nidarfalles II, 4, 86. : bifalles III, 13, 15. : folges III, 20, 132.
uuortes : haltes I, 2, 27. : heimortes III, 11, 31. V, 25, 3. : managfaltes V, 23, 47.
bizeines : gimeines III, 12, 43.
bilgis : duis III, 16, 47.
fuaris : iz IV, 12, 44.
giangis : bifiangis IV, 21, 6.
biginnis : findis H. 105.
ruachis : suachis III, 7, 35.

gizellet : singent I, 17, 28.
kraft : scinhaft L. 65. : unredihaft H. 70. : giflat II, 11, 9. : maht III, 24, 86.
maht : giuuaht I, 11, 52. 23, 18. : naht II, 12, 13. IV, 6, 2. 7, 59. 15, 59. V, 17, 32. : drat III, 7, 19. : maht III, 20, 44. : hinaht V, 10, 6.
ummaht : naht III, 20, 16. : braht III, 23, 19.
naht : glat II, 1, 13. : giuuaht IV, 7, 92.
uuiht : niauuiht I, 25, 27. V, 19, 57. : thihit IV, 4, 73.
niuuiht : niauuiht II, 5, 12. : mit II, 9, 43. : uuiht III, 13, 35. : gisiht IV, 5, 39.
ginuht : uuoroltzuht III, 9, 14.
arabeit : anageit V, 10, 5.
breit : gimeitheit IV, 6, 36. : ingeit IV, 15, 5.
firgeit : ufsteit III, 24, 24.
gigeit : dumpheit I, 2, 19. III, 3, 12. : firsteit III, 7, 53. : gomaheit IV, 9, 31.
gelpfheit : gimeit III, 19, 10.
heit : zagaheit IV, 7, 76.
giagaleizit : heizit IV, 24, 9.
bibringit : singit V, 23, 294.
bristit : gifestit II, 22, 5. III, 26, 69. : girestit III, 6, 32.
buazit : riuzit I, 24, 7.
gidoufit : bisoufit II, 3, 53.
duit : yrmuait II, 14, 3. : giltit III, 13, 37. : zit IV, 7, 61.
engit : dringit IV, 4, 62.
gifiarit : gikerit H. 23. : ruarit V, 19, 34.
gifierit : gimierit V, 25, 2.
fihtit : irrihtit V, 4, 50.
bifillit : bistellit IV, 23, 13.
giflizit : lazit V, 23, 36.
irfullit : zit I, 4, 69. : singit I, 19, 19. : gisculdit V, 20, 71.
gaginit : binagilit L. 72.
gengit : hengit II, 23, 19. IV, 4, 75. : firspirnit III, 23, 35. : nendit IV, 26, 14.
irgengit : ringit H. 73.
gruazit : firuuizit V, 20, 95.
hillit : gisingit V, 23, 187.
hilphit : firuuirphit II, 17, 9.
horit : kerit III, 20, 152.
houbit : gidruabit I, 17, 31. : manohoubit II, 6, 52. : giloubit III, 24, 29. IV, 27, 24. : ring IV, 22, 21. : tharmit IV, 30, 7.
manahoubit : gifuagit II, 24, 39. : uuiht V, 19, 47.
giilit : uuihit V, 16, 33.
girrit : gimerrit III, 26, 41.
gikerit : serit III, 24, 22.
ziklekit : bithekit IV, 33, 37.
klibit : libit II, 6, 36.
irknuatit : instuantit IV, 15, 23.
quit : zit II, 14, 9. III, 22, 3. IV, 7, 45. 26, 35. V, 19, 21. : arnogizit II, 14, 104. : strit III, 16, 52. : duit III, 17, 15. : gihorit IV, 19, 67. : sit V, 20, 99.
kumit : rumit V, 6, 63.
leidit : gisceidit V, 12, 76.
leitit : zispreitit H. 104.
lerit : niuuiht H. 140. : gikerit I, 24, 15. : horit II, 13, 24.
gilerit : kerit II, 13, 35.
liubit : uabit III, 20, 153.
lougnit : giquit III, 22, 53.
firlougnit : ougit II, 3, 20.
loufit : toufit II, 13, 4.
meinit : zeinit V, 1, 26. 14, 19.
firmeinit : gizeinit I, 1, 82. : zeinit IV, 27, 6.
gimeinit : bicleibit I, 5, 39. : irdeilit I, 5, 57. II, 12, 84. III, 18, 20. : houbit I, 6, 14. : heilit I, 14, 7. III, 13, 23. : gideilit II, 9, 20. : bizeinit II, 12, 82. V, 1, 27. : eigit II, 16, 21. : giduit III, 18, 31. : inneinit V, 20, 38.

midit :thanasnidit V, 25, 42.
minnit :krimmit I, 25, 28.
nahit :ginait IV, 29, 9. :firfahit V, 23, 122.
irougit :giloubit I, 15, 32. :houbit V, 8, 15.
rinit :biscinit I, 11, 49. :scinit I, 15, 19. II, 1, 47. III, 20, 15. :gislimit I, 23, 52. :irscinit II, 8, 19.
birinit :biscinit II, 1, 50.
biruachit :giduachit IV, 29, 8.
ruarit :nintfuarit I, 1, 77. :gifuarit II, 1, 4. :fuarit II, 12, 16. IV, 12, 20. V, 11, 40. 23, 197. 201. 275. :ruamit II, 12, 19.
biruarit :fuarit II, 1, 11. 35. IV, 26, 13.
giruarit :gidruabit II, 3, 35.
girustit :lustit I, 1, 14.
firsechit :zuagisprichit II, 13, 13.
inselzit :gihelzit V, 23, 141.
scirmit :fillit III, 1, 37.
bislipfit :thekit V, 21, 9.
bisperrit :merrit L. 73 :ungimerrit V, 12, 26.
suachit :ruachit III, 23, 59. V, 7, 9.
gisuichit :bisuichit V, 23, 156.
tharmit :gibilidit I, 22, 60. :lerit I, 24, 9. :niuuiht III, 6, 29.
inthekit :rekit II, 11, 67. :rechit V, 14, 27.
bithenkit :uuenkit I, 1, 23. II, 11, 52.
githenkit :drinkit II, 14, 37. :githunkit III, 13, 26. :screnkit V, 23, 155.
inthihit :scribit I, 1, 31
thuingit :springit II, 14, 41.
giuuahinit :zit I, 9, 1.
giuueizit :heizit L. 88. II, 18, 18. 23, 20. III, 7, 57. V, 23, 61. :feizit I, 1, 67.
uueltit :giheltit II, 18, 17. :gisentit III, 16, 14. 21, 26. :heltit V, 20, 32.
uuekit :irquickit IV, 19, 37.
uuenkit :drenkit II, 10, 20. :thunkit II, 12, 42.
uuentit :sentit III, 16, 21.
anauuentit :irstentit I, 15, 34.
tharauuentit :stentit V, 1, 25.
uuerbit :umbizerbit III, 7, 14. :zerbit III, 7, 17.
giuuezzit :gisezzit I, 23, 51.
giuuihit :thihit I, 26, 1. :zihit IV, 21, 5.
niruuintit :bintit V, 21, 12.
biuuirbit :nirstirbit II, 16, 8. :irstirbit III, 24, 30.
uuirdit :firuuirdit II, 17, 7. :tharmit IV, 14, 6.
uuirkit :sentit I, 4, 61. :bithenkit II, 12, 95. :thenkit III, 20, 150.
uuirrit :merrit IV, 20, 28.
managfalt :lant II, 15, 5.
scalt :halt III, 22, 44. :zigat IV, 7, 8.
giuualt :uuoroltlant II, 13, 22. V, 16, 35. :lant III, 2, 2. :einfalt V, 23, 85. :hant V, 25, 17.
uuialt :hialt III, 20, 62.
gizalt :halt III, 22, 19. :managfalt V, 1, 13. :ubarmuat V, 10, 12.
hant :fiant IV, 24, 6. :gizalt IV, 33, 26. :ubaruuant V, 14, 8.
heilant :fiant I, 10, 9. :lant III, 4, 2. 24, 1. IV, 1, 13. 4, 64. :inbant III, 4, 48.
lant :giaualt L. 3. :firuuant H. 84. :heilant I, 8, 27. 12, 13. 23, 32. :fart I, 17, 9. :fiant I, 19, 4. :firslant II, 6, 26. :allahant II, 7, 4 :gigant IV, 12, 61. :niruuant IV, 20, 25. :hant IV, 24, 7. :ubaruuant V, 4, 52.
ginant :uuoroltlant III, 22, 51.

U.

minu : thinu H. 14. III, 10, 43. 17, 61. V, 15, 9. 21. 35. : urminnu I, 4, 50. : minu III, 16, 13. : nidu III, 22, 39.
nu : thu II, 8, 51. IV, 31, 12. : iu II, 14, 52. : hierosolimu II, 14, 59.
redinu : ebinu L. 14. : freuuidu H. 20. II, 6, 57. IV, 9, 34. : macedoniu I, 1, 91. : bredigu I, 23, 33. : zehinu II, 8, 22. : managu III, 14, 51. : menigu III, 26, 1. : nidiru IV, 11, 48. : zesauuu IV, 19, 56. : giuuebanu IV, 28, 8.
unredinu : bidroginiu I, 22, 17.
sinu : thinu I, 2, 31. : blidu I, 12, 11.
thinu : berantu I, 4, 29.
frou : **kou** II, 6, 23.
himilkamaru : gamanu II, 9, 9.
maru : armeru I, 7, 10. : uuaru I, 11, 53. III, 5, 18.
stiuru : ginadu V, 25, 1.
uuaru : zalu L. 40. H. 74. : faru H. 32. II, 12, 75. III, 17, 21. IV, 19, 28. : alauuaru H. 60. : pinu H. 86. : leru H. 88. III, 7, 48. 17, 32. IV, 20, 26. V, 15, 10. : ginadu I, 2, 46. IV, 5, 65. : rumu I, 11, 2. : seltsanu III, 1, 5. 2, 12. : seru III, 10, 11. : baru III, 14, 6. : suaru III, 24, 66. : eru IV, 4, 21. : fuaru IV, 4, 26. : baru IV, 26, 19. : naturu V, 12, 49. : diuru V, 25, 22.
alauuaru : gihoru IV, 21, 28.
giuuissu : sehsu II, 11, 38.
uuisu : uuisu III, 17, 24.
ahtu : slahtu L. 56. I, 1, 88. : rehtu IV, 5, 60.
guatu : muatu S. 46. : giheiltu III, 14, 49. : gimuatu III, 22, 37.
hiutu : gibiutu IV, 23, 38.
thultu : uualtu IV, 11, 47.
euuu : selu I, 5, 44.

Z.

allaz : baz II, 21, 19 : gihiaz IV, 16, 50. : nidarhaldaz V, 1, 31. : follaz V, 11, 47.
baz : faz II, 8, 34. : liohtfaz II, 33, 36.
niuuiboranaz : gilegitaz I, 12, 20.
fuaz : muaz V, 14, 16. 17, 36.
gihiaz : liaz I, 10, 12. V, 4, 46. : zistiaz II, 11, 50. : firliaz IV, 8, 25.
quegkaz : libhaftaz II, 1, 43.
firliaz : hiaz II, 5, 16. V, 8, 34.
giliaz : gihiaz III, 2, 36. : muaz V, 7, 38.
gimachaz : redihaftaz IV, 4, 42. : baz V, 12, 16.
managaz : managfaltaz I, 20, 21. : baz II, 3, 5. : thaz V, 20, 51. 23, 83. 229.
maraz : seltsanaz III, 6, 2. : thaz III, 16, 33.
gimaz : saz IV, 29, 29.
alaniuaz : irgrabanaz IV, 35, 36.
rehtaz : slehtaz I, 1, 15. : thaz II, 12, 56.
gisaz : baz II, 15, 15. : az III, 6, 35. V, 14, 24.
sinaz : fullentaz I, 4, 6 : gistataz I, 5, 47. : uuahsentaz I, 5, 66. : thaz III, 18, 52. 26, 58. : gidanaz III, 21, 17. : ungilichaz V, 20, 15.
sconaz : sinaz I, 17, 18. : hohaz II, 1, 25. IV, 4, 41. : seltsanaz V, 23, 175.
suaraz : uruuanaz I, 4, 53.
thaz : haz L. 49. H. 89. III, 15, 1. 29. 22, 27. : thinaz H. 17. : uuas H. 42. 62. 108. I, 23, 10. 27, 17. 26. 48. II, 2, 8. 3, 32. 49. 4, 7. 102. 5, 9. 6, 20. 7, 25. 61. 12, 51. III, 2, 31. 4, 17. 7, 5. 8, 4. 32. 9, 1. 17, 33. 20, 53. 184. 186. 21, 15. 23, 48. IV, 3, 1. 7. 7, 78. 12, 47. 13,

44. 18, 11. 19, 29. 59. V, 5, 17. 9, 24. 11, 23. 12, 12. 30. 17, 21. 20, 77. : baz I, 2, 23. 49. II, 5, 3. 6, 5. 19, 14 21, 12. III, 23, 45. IV, 1, 20. 25, 14. : sinaz H. 91. II, 14, 2. III, 13, 29. 18, 7. IV, 19, 71. V, 6, 62. 21, 6. : hebigaz I, 15, 31. 40. 17, 16 22, 53. III, 20, 67. IV, 13, 31. V, 19, 2. : gilichaz I, 20, 22. : manegaz I, 20, 35 : faz II, 9, 11. 14, 85. III, 7, 59. : thaz II, 12, 58. III, 11, 15. 12, 28. 35. 14, 102. 16, 25. 20, 17. V, 23, 112. : alangaz II, 13, 34. IV, 29, 28. : fliazantaz II, 13, 30. : hohaz II, 16, 3. : garauuaz II, 16, 38. IV, 5, 64. 9, 12. V, 20, 101. : scinentaz II, 17, 11. : liohtfaz II, 17, 15. : leidaz II, 18, 24. : allaz II, 20, 13. 21, 14. III, 6, 56. 14, 74. 109. 18, 40. 19, 16. 20, 170. 25, 15. IV, 1, 23. V, 1, 38. 23, 170. 287. : kurzlichaz II, 21, 15. : gislahtaz II, 23, 15. : ginuagaz III, 6, 34. IV, 15, 46. V, 22, 4. : diuraz III, 7, 85. : maz III, 10, 33. : iruuelitaz III, 17, 67. : minaz III, 18, 21. : rumaz III, 18, 64. niheinaz III, 19, 5. V, 12, 39. : scinaz III, 20, 12. : saz III, 20, 34. 37 26, 31. IV, 11, 39. V, 8, 17. 21. : fahs III, 23, 11. : giuuissaz III, 24, 93. IV, 10, 12. : dumbaz IV, 5, 7. : scaz IV, 8, 23. : gisaz IV, 9, 17. V, 12, 62. : alaniuuaz IV, 13, 7. : heilaz IV, 17, 24. : gidanaz IV, 19, 36 : sinsaz IV, 21, 3 : heizzaz IV, 21, 25. : blidaz IV, 33, 6. : egislichaz IV, 33, 12 : niuaz IV, 37, 24 : alouuassaz V, 1, 16. : ufhaldaz V, 1 37. : karitas V, 12, 80. : firholonaz V, 18, 12. : sulichaz V, 20, 16. : sconaz V, 23, 178. : theheinaz V, 23, 268.

thinaz : lutentaz I, 2, 5. : gihortaz I, 4, 28. : einaz I, 5, 45. : minaz I, 15, 27. IV, 31, 20. : uuassaz I, 15, 45. : gidanaz III, 2, 33. : holdaz V, 15, 28.

ubilaz : seraz III, 21, 8.

uuahaz : gahaz I, 5, 42. : seltsanaz I, 27, 30.

uuaraz : seltsanaz I, 11, 1. 19, 20.

uuaz : githiginaz II, 4, 22. : sinaz III, 16, 19. : haz IV, 7, 20.

heiz : uueiz H. 24. V, 8, 32. 44. 9, 18. : zeiz II, 19, 25.

reiz : uzsmeiz III, 17, 42.

uueiz : urheiz I, 19, 26. III, 20, 97. IV, 5, 45. 13, 49. 18, 18. : firsleiz III, 7, 31. : reiz III, 17, 36.

roz : bigoz III, 24, 48. : nirthroz V, 7, 1.

uz : hus I, 14, 19. II, 3, 24. 4, 52. 11, 4. 11. 19. 44. III, 12, 34. 14, 53. IV, 4, 65. 6, 3. 7, 58. 29, 55. V, 21, 8. : kornhus I, 28, 17. : betohus II, 11, 21. : palinzhus IV, 20, 3.

Nachtrag. Das § 13. 3. über I, 5, 2 Gesagte ist zu streichen.
Zu § 7, 3 ist hinzuzufügen: buachi Gen. Sing. Fem. nur im Reime S. 5, L. 91.

(Red. Martin.)

FSC
www.fsc.org
MIX
Papier | Fördert
gute Waldnutzung
FSC® C083411

Kolibri 360 GmbH
Ferdinand-Jühlke-Straße 7
99095 Erfurt, Deutschland
produktsicherheit@kolibri360.de